及山
（批准号：ZR2023ME114）资助

徐　敏
张海军
著

海防古城镇：基于世界遗产语境的解读

Historic Towns of
Coastal Defense:
An Interpretation
Based on World
Heritage Contexts

化学工业出版社
·北京·

内容简介

本书以中国滨海岸线和沿海省域为地域背景，在对明代起始的、以海防为目的的官方筑城和民间堡垒进行整体性、综合性考察的基础上，以历史地理学、城乡规划学等学科视角和方法来剖析海防城镇遗产这一对象，提供一种基于本土地域文化背景，且能与国际通行的世界遗产概念和语境相对接的城镇遗产解读方式，并以我国福建漳州地区的明代海防城镇遗产为例进行演绎和解析。通过对这些海防城镇遗产的经验研究，不仅能对中国已有的世界遗产地的遗产价值再挖掘提供新思路，亦能对世界遗产全球战略实施、城镇遗产解读等议题提供地域性的启发。

图书在版编目（CIP）数据

海防古城镇：基于世界遗产语境的解读 / 徐敏，张
海军著. -- 北京 ： 化学工业出版社，2024. 11.
ISBN 978-7-122-46538-2

Ⅰ. TU984.257.3

中国国家版本馆 CIP 数据核字第 2024E2Z138 号

责任编辑：林　俐　　　　　　　　文字编辑：刘　璐
责任校对：李露洁　　　　　　　　装帧设计：孙　沁

出版发行：化学工业出版社
　　　　　（北京市东城区青年湖南街13号　邮政编码100011）
印　　装：涿州市殷润文化传播有限公司
787mm×1092mm　1/16　印张11¼　字数241千字
2025年7月北京第 1 版第 1 次印刷

购书咨询：010-64518888　　　　　　售后服务：010-64518899
网　　　址：http://www.cip.com.cn
凡购买本书，如有缺损质量问题，本社销售中心负责调换。

定　　价：78.00元

第4章　中国明代海防历史城镇的案例研究与价值分析 /099

目录

且这些海防卫所城池在规模上具有鲜明的等级特点，不同等级中的城池数目呈较明显的倍数递减关系，卫所城池的等级分布也呈较明显的区域集中的特点。从遗产现状看，不论是官方卫所还是民间堡垒，海防城镇遗产的空间形态和物质遗存，均因区域地理环境和城周围地形地貌等自身条件的不同，以及各地建造传统和民俗文化特色的不同而呈现出明显的区域多样性。

在此基础上，以典型案例解析为主要手段，展开对海防城镇遗产的遗产价值认识和解读（第 4 章）。本书选取了整个沿海地区中海防遗存相对完整且分布密集的福建漳州地区，并综合考量了区位条件和地理环境、海事防御类型、城镇建置背景、遗存现状和遗产价值的典型性、代表性等多个方面，挑选了三个典型个案：卫所转县类海防历史城镇——诏安古城、堡垒型海防历史城镇——以梅洲堡城为代表的漳南堡城、海岛型海防历史城镇——铜山所城，从史地背景分析、城镇建置演变、城市形态变迁、城镇空间特色、聚落景观特色等多个维度，对海防城镇遗产进行个案考察和类项对比。在此基础上，分析这些典型海防城镇遗产的突出普遍价值，总结海防城镇类型的代表性、遗产价值的唯一性和地域民俗文化的典型性，展现认知和解析海防城镇遗产的过程。

最后，基于对漳州地区海防城镇遗存的调研内容，分析海防城镇遗产的保护现状、主要问题（第 5 章）。如这些遗产当下面临着其海防历史信息和遗产价值普遍受忽视、当地重非物质文化遗产保护而轻物质遗产保护等问题，并在此基础上提出可能的针对性保护建议，以期对此类遗产的延续和发展有所助力。

以建筑和城镇（聚落）为主的物质遗产是我们身边最易被直接感知的宝贵文化财富。同时，我国的文化遗产保护正在日益走出国门，融入世界遗产的大舞台中。跨区域的系统性、综合性遗产申报及遗产相关研究亦成为当下及未来海防城镇遗产研究的主要趋势之一。希望通过探讨海防这类城镇遗产的遗产认知、史地分析、价值解读等内容，给广大读者提供一种基于遗产专业视角的认知方式，帮助大家更好地建立科学保护城镇遗产的意识，并在当下及未来将守护城镇文脉之根的意识付诸行动，一起保护我们共同的遗产、共同的家园。

本书以笔者的研究课题"世界遗产视野下的中国明代海防城镇遗产研究——以漳州地区为例"为基础撰写，并且参照本书编辑老师的建议，以通俗易读、遗产科普为目标进行写作。限于个人认知水平和研究能力，难免存在不足之处，敬请读者批评指正。

二〇二四年五月于青岛

徐敏

前言

无论是在中国的历史文化名城／名镇／名村体系中，还是在世界遗产（World Heritage）序列中，海防古城镇无疑都是城镇遗产家族中非常特殊的一类。笔者尤记得赴漳州地区调研海防城址遗存时，见当地老妪赤脚行路、所语皆方言且丝毫不通普通话时的震撼。彼时，偏远边塞的印象第一次以海防遗产的形式深入吾心，这与我们认知中改革开放以来我国沿海地区经济腾飞，物质经济和社会文化发达的印象相去甚远。当然，在广大沿海地区，远不止这些偏远的活态聚落生活方式的存续，还有大量的海防物质遗存被今天的城市化运动所包围，成为现代城市风貌中的孤岛（如深圳地区的大鹏所城），抑或早已消失于历史烟海中，成为一个隐约存在的地名标签（如青岛地区的浮山所）。

实际上，海防历史、海防城镇遗存一直是史地学家和遗产等领域专家的研究志趣所在，明代海防历史及城镇遗产尤甚。从荒芜的不毛边地，到戍边屯垦、专务海防，再到聚落一步步发展壮大，成为一座经济、政治、社会、文化、宗教信仰等诸方面繁盛的真正意义上的城镇，并成为当地极具标志性的历史文化遗存和城镇风貌的组成部分，这期间的变化是怎样一步一步发生的？在现今的城市更新背景下，这些特殊的遗产形式在物质延续和非物质传承等方面又面临怎样的困境和问题，以及有怎样的化解之道，一直是此领域学者的重点研究内容之一。对明代海防城镇类遗产的相关研究，较多基于一个或几个海防城镇个案的散点式观察，且缺乏对不同省域、地域之间整体性、关联性的综合审视。

本书尝试以中国整个滨海岸线和沿海省域为背景，对明代起始的、以海防为目的官方筑城和民间堡垒进行整体性、综合性的考察。以历史地理学、城乡规划学等学科的视角和方法来剖析海防城镇遗产这一对象，提供一种植根本土地域文化背景，且能与国际通行的世界遗产概念和语境相对接的城镇遗产解读方式，并以我国福建漳州地区的明代海防城镇遗产为例进行演绎和解析。通过对这些海防城镇遗产的研究，不仅能为中国已有的世界遗产地的遗产价值再挖掘提供一些新思路，亦能对世界遗产全球战略实施、城镇遗产解读等议题提供一些地域性的启发。

首先，从理论层面，本书着眼于世界遗产相关概念，对城镇遗产进行概念解读（第2章）。笔者认为城镇遗产包括历史城镇和作为城镇空间要素的遗产这两种基本形式，并重点解读了历史城镇、海防城镇遗产等概念的内涵。

其次，立足于整个沿海省域范围，以历史地理分析和遗产现状统计为基本手段，对明代海防聚落进行地理环境、聚落选址、城市形制等方面的分析，并对沿海11个省市地区的海防遗存现状进行整体梳理（第3章）。从史地视角看，作为一种典型的制度性建设，我国明代的官方筑城，具有统一的内在驱动机制和相似的建造过程，

第 1 章　概述

随着我国城镇化进程不断加快，城镇遗产的破坏与保护矛盾日益突出。城镇遗产的理论研究和城镇遗产的保护工作也日益受到重视。目前国内的城镇遗产研究领域，仍存在一些典型问题和不足，有待进一步探讨和完善。在世界遗产全球战略的指导下，我国的文化遗产申报、保护和管理工作面临新的机遇和挑战，城镇遗产研究也需满足新的现实需求。本书试以国内城镇遗产理论研究的必要性和遗产工作的现实需求为研究缘起，梳理相关遗产研究概况，来逐步明确本书的研究主题。

1.1　研究背景与研究意义

1.1.1　研究背景

随着全球范围内城镇化进程加快对世界遗产地的影响逐渐增大，城镇遗产保护越来越受到世界遗产委员会的关注。世界遗产中心❶曾针对此议题举办了多项国际专家会议，并于2010年将其会议和研究成果出版为一期电子专刊《管理历史城镇》（*Managing Historic Cities*），在此专刊中，世界遗产中心就城镇遗产（urban heritage）做了专门的讨论，并且指出世界遗产中心对城镇遗产的解读并不总是直截了当的，"在众多不同的地点，缓慢的变化正在发生，这使得他们可以接受或者允许有多种不同的解读或阐释方式"。

在世界遗产中心提供的一种解读方式中，是否受到城镇化进程的压力和威胁，成为评判世界遗产项目是否为城镇遗产的一个重要因素。如在其分类中，处于城镇化进程中的皖南古村落——西递、宏村这两处世界遗产地也被纳入了城镇遗产的范畴。按此，该杂志在附录C中将截至2009年7月底的世界遗产名录中的遗产项目，划分为"城市和城镇（全部或部分）"和"位于城镇背景下的世界遗产地、建筑群或纪念物群"两大类。而世界遗产中心官网上，城市（cities）是与其他几类如文化景观（cultural landscape）、森林（forest）、海洋与海岸（marine & coastal）等相并列的遗产主题之一。从该类主题中的195项世界遗产项目来看，城市与《实施<保护世界文化与自然遗产公约>操作指南》（下简称"世界遗产公约操作指南"或"操作指南"）附录3中的历史城镇与城镇中心（historic towns and town centres，以下简称"历史城镇"）基本一致。

国际古迹遗址理事会（ICOMOS）❷对"城镇遗产"也有不同的解读方式，在其2003年以来所提供的对世界遗产名录的主题类型研究报告中就将城市聚落（urban settlements）作为与其他15类遗产并列的类型之一，并将其分为4类：不再有人居住的城镇（towns which are no longer inhabited）、有人居住的城市区域（inhabited urban areas）、殖民时期的城镇（colonial towns）、19和20世纪建立的城镇（towns established in the 19th and 20th centuries）。这与世界遗产公约操作指南中给定的"历史城镇与城镇中心"的三个分类稍有不同。但在此项研究中，国

---

❶　参见世界遗产中心官网（https://whc.unesco.org/）。
❷　参见国际古迹遗址理事会官网（https://www.icomos.org/）。

际古迹遗址理事会在制定该主题框架之初，就曾反复说明："这是一个开放式的框架，未来有可能会被修编，或者进一步阐释成各类分主题，并且一个特定的遗产项目可以与几个不同的遗产类型相关联"。

也就是说，世界遗产委员会及其专家咨询机构对于城镇遗产允许有来自不同认知主体、受不同影响因素制约的多种解读方式，以及在多元文化理念下对城镇遗产的探讨。

世界遗产中心，对"城镇遗产"时空概念的认知和对其类型的划分范畴较广，从"含有城镇在内的文化景观"，到"城市和大型城镇化区域"，到"城市内的纪念物群"，再到"城镇和城镇群"，甚至到"乡村景观中与世隔绝的村落"，都有可能涉及城镇遗产。而世界遗产中心给定的两大分类——历史城镇和城镇环境下的世界遗产地、建筑群或纪念物群中，历史城镇就有"无人居住但保留令人信服的考古遗址""尚有人居住的城镇"以及"20世纪的新城"三类，从时间上来看涵盖了史前时期、历史时期及近现代时期，遗产本体形成后持续或间断地受到现今城镇化影响的时间进程亦包含在内；其空间范围包括曾经或至今仍具备城镇聚落特征的地区，包括今天的城镇、非城镇，乃至荒野或水下等多样的地域环境；其遗产类型不但包括活的历史城镇，也包括考古遗址等。而世界遗产中心给定的城镇遗产主题类型中，不但包括文化遗产，还包括两项文化与自然双遗产，即1999年列入世界遗产名录的西班牙"伊维萨岛的生物多样性和特有文化"（Ibiza, biodiversity and culture, Spain）；1980年列入世界遗产名录的"马其顿前南斯拉夫共和国的奥赫里德地区文化历史遗迹及其自然景观"（Natural and Cultural Heritage of the Ohrid region, the Former Yugoslav Republic of Macedonia）两项。

基于真实性的《奈良文件》的精神，世界遗产公约操作指南也指出："对于文化遗产价值和相关信息来源可信性的评价标准可能因文化而异，甚至同一种文化内也存在差异。出于对所有文化的尊重，必须将文化遗产放在它所处的文化背景中考虑和评价。"

就我国的现状而言，城镇遗产研究中尚存在一些典型问题，反映出国内城镇遗产研究与世界遗产理论不对接的局面。同时，我国历史时期的地域文化环境下，城镇、乡村两种聚落形式在经济、社会属性和聚落景观等方面，都存在典型差异，直接影响了我们今天对城镇遗产和村落遗产的认知。而我国现阶段以行政为主导的城镇和村落划分手段对我们认知和辨识城镇遗产与村落遗产产生影响。

作为目前全球第二大世界遗产大国，在世界遗产全球战略的指导下，我国文化遗产的申报、保护和管理工作面临新的机遇和挑战，城镇遗产研究也需满足新的现实需求。

本书就从城镇遗产入手，以世界遗产公约操作指南为标准，结合我国国情条件下城镇遗产研究的一些理论问题和遗产工作的现实需求，来展开有关研究。试图提供一种在中国国情条件下对城镇遗产的解读方式，并通过对漳州地区海防城镇遗产这类特定遗产的经验研究，来充实和完善这种解读方式，以弥合和改善国内城镇遗产研究中存在的与世界遗产研究话语不对接等研究不足的问题，为我国的遗产工作，尤其是文化遗产的申报、保护和管理等提供一些借鉴。

1.1.1.1　中国城镇遗产研究中的典型问题

（1）城镇遗产认知存在中外不对接问题

与世界遗产中心、国际古迹遗址理事会等给出的城镇遗产定义相比，我国国内对城镇遗产的认知较为狭隘，与世界遗产体系中的城镇遗产不对接是其主要问题之一。

从国内城镇遗产研究者对"urban heritage"相对应的中文"城镇遗产"及相近术语（如"城市遗产"等）的使用和研究情况可以看出，国内对"城镇遗产"的这种认知相对狭隘。以中国期刊网全文数据库、硕博学位论文库为范围，以城市遗产、城镇遗产、古城、古镇、古村、古城镇、老城、老镇、老城镇、历史片区、历史街区、老街、老城区等词进行题名检索，词频最高的是古城、古镇、历史街区三词（词频逾千），其次是老城区、老城、老街。这说明目前国内城镇遗产及相关研究的研究对象主要为古城、古镇和历史街区等，而这些物质实体均是尚有人居住的物质遗存，仅与世界遗产中心有关定义中的"历史城镇"相比，其范畴就过于狭窄。

"城镇遗产"的提法在国内已有文献中并不普遍，中文语汇中以"城市遗产"（urban heritage）为主。部分文章梳理了国际城市遗产概念的源流和发展演变过程，均指出国际、国内的城市遗产概念的发展经历了一个从建筑单体和纪念物，到历史地段，再到整体城市环境（包括自然、人文、非物质）的扩展过程。城市遗产的保护观念，也逐渐完成"从名城保护到城市保护的观念转变，从自然环境保护到历史环境保护的思维转变"。"城市遗产的概念强调历史环境的整体性，它是一个特定的遗产系统，不是城市中所有遗产的简单总和，而是由城市历史环境的相关要素组成的相互联系的统一体，这是城市遗产区别于其他文化遗产最主要的特征。"

相关文献在界定"城市遗产"的具体研究对象时，分狭义和广义两种，目前仍以狭义的城市遗产认知为主，将城市遗产作为建筑遗产的延伸，包括"街道、广场、景观等人为物象（artifact）；或和人有密切社会关联的生活容器及谋生来源工具（建筑物、住宅聚落、古市街、产业区乃至历史文化名城本身）；或体现一个城市历史、科学、艺术价值的历史建筑及其周边环境，城市内的历史地段，如历史中心区、传统街区、工业遗产区、历史性城镇等；或历史住区、民俗街巷、历史小品、历史园林、历史纪念物、名人故居和旧城中具有一定文化内涵的居住区等。稍广义的城市遗产研究将其研究对象分为历史城区、历史地段（包括文物古迹地段、历史街区和历史村镇）、文物古迹地段（由文物古迹集中的地区及其周围环境组成的地段）、无形文化四个方面，将文物古迹及非物质文化纳入其中，并将遗产地域扩展至广大村镇地区，是对此类遗产认知的进步之处，但目前这种认知仅属于少数研究个体，并不普遍。

总体上，国内研究群体对城市遗产范畴的认知，经历了一个从单体建筑到城市整体环境等不断扩展的过程，城市遗产的概念和保护理念在不断完善是学界的一个普遍共识。不过，目前对城市遗产概念和对象等问题的认知，仍存在一些问题。

① 对遗产本体的时空维度认知比较狭隘。目前国内城市遗产的研究普遍将其认知的空间范围定为当下的城市范围内，尤其是高度城镇化的城市建成区范围内（如北京、上海这样的大都市内）。部分学者认为城市遗产就是位于城镇或城市历史地段中的各种建筑和风景等，有学

者明确指出："除废弃荒野的历史城镇遗址以外，主要指位于当前城镇范围之内的文化遗产"，把"城市"作为现今时间点上文化遗产所在地的地域界限。个别学者已认识到我们目前对城市遗产认知的狭隘性，但其对"狭隘"的反思却仅限于对城区内文化遗产的历史价值要求过高，而将近现代产生的文化遗产排除在城市遗产之外。

② 对城镇遗产的遗产类型和遗存形式的认知过于狭隘。国内城镇遗产研究对象基本以尚有人居住的、活的历史城镇、历史地段或历史街区为主，鲜有涉及考古遗址的；涉及非物质文化内容的亦较少。

③ 与世界遗产中城镇遗产相关的研究较少。虽有较多引进欧洲、日本等发达国家遗产管理经验的文献，但对世界遗产的相关概念等理论研究相对较少。

④ 城镇遗产的研究主体比较单一。目前城市遗产概念的话语权较多掌握在传统的建筑和规划院校手中，城市遗产被作为历史建筑、历史城区和地段的统筹概念，或作为学科研究体系内部争夺话语权的附产物。

概言之，目前关于"城市遗产"认知的典型问题，就是将城市遗产作为单一时空维度下的静态遗产概念来认知，其时空范畴局限在当下城市建成区范围内（尤其是高度城市化的城市中心区范围内）、活的物质遗存上，且较多作为建筑遗产的延伸而存在。而实际上，城镇遗产应该是一个具有多重时空维度的动态演变的概念，包含不同时期内叠加的多重历史和文化等信息，其遗存形式也具有多样性。

综上，国内对城镇遗产的认知相对狭隘，与世界遗产研究中的城镇遗产存在不对接的情况。

（2）城镇遗产与村落遗产的关系不明朗

国内城镇遗产研究中存在的另外一个问题是城镇遗产与村落遗产的关系不明朗。作为人类聚落的两种基本形式，城镇与村落同时存在，两者在人口规模、用地面积、建筑密度、城镇景观等多方面有较明显的不同。我们对城镇和村落的界定，也存在非常多元的标准。而我国目前所实施的行政管理制度，又给我们界定城镇和村落带来了一些干扰，比如一个镇区范围内存在多个行政村的现象；又如城中村，在行政级别上是"村"，但整个村域都在城市建成区的范围内；而华西村这样的"村"，其聚落景观也与我们理解的城镇无异。

遗产本身潜存一种时间维度，城镇与村落之间存在多种复杂关系，再加上时间这一维度，使城镇遗产与村落遗产的关系变得更复杂。目前国内城镇遗产（城市遗产）研究和村落遗产研究作为两大研究主线同时存在，但对于城镇遗产和村落遗产的关系，以及各自遗产概念的认定，还没有有效的梳理。两者的价值内涵可能存在较大差异，那么就有必要弄清两者的关系，以及各自的遗产概念。

综上，目前国内相关研究对城镇遗产的时空范畴和遗存形式等多方面的认知都比较狭隘，未考虑到遗产所处的地域环境和遗产的历史、文化、科学等价值的复杂性，与世界遗产中的相关概念存在不对接的情况。

1.1.1.2　我国文化遗产工作的现实需求

截至 2024 年 8 月，我国已拥有 59 项世界自然与文化遗产（其中世界文化遗产 40 项，世界自然遗产 15 项，文化与自然双重遗产 4 项），成为全球第二大世界遗产国，在世界遗产全球战略的指导下，我国未来的遗产工作，尤其是世界文化遗产的申报、保护和管理等工作，将面临更为严峻的局面。

按照世界遗产关于城镇遗产的划分，历史城镇与城镇中心是其主要构成之一。而历史城镇因其完整性和整体性的特点，在近年的申报和管理工作中日益受到重视。系统地梳理近年来全球世界遗产项目中的历史城镇申报与管理的概况，为我国未来几年内历史城镇保护，乃至整个文化遗产的申报、保护和管理提供一点建设性意见，也是我国遗产工作的现实需求。

要了解近年来历史城镇遗产申报和管理的发展概况，首先需要了解世界遗产全球战略，以及全球战略指导下我国遗产面临的机遇和挑战。

（1）世界遗产全球战略的影响及中国面临的挑战与机遇

世界遗产全球战略，最初是针对世界遗产名录所收录项目在遗产类型（文化、自然、混合）和全球地理区域分布上的不平衡现象，特别是 1994 年前后文化遗产占绝大部分且大部分遗产分布在发达国家（尤其是欧洲）的状况提出的。而其框架则是在 20 世纪 90 年代世界遗产概念快速变革的时代背景下诞生的。

① 世界遗产全球战略的诞生背景及阶段进展

早在 1979 年针对如何增强世界遗产名录的代表性的问题已开始讨论，世界遗产委员会在当时"还没有一个核心的、系统的方法来对世界遗产名录中的文化遗产项目进行对比评测，从而导致名录中的一些差距（gaps）、不平衡（imbalances）和重复（duplications）"。可见，世界遗产全球战略的提出是世界遗产事业发展到一定阶段的内在需求。1982 年以来，世界遗产委员会及其咨询机构国际古迹遗址理事会和世界自然保护联盟（IUCN）针对此问题举行了多场专家会议及活动。其中，国际古迹遗址理事会在 1987 ~ 1993 年间持续推动全球研究的发展，致力于界定名录中遗产的差距、指导缔约国准备待提名遗产和预备名录，及提供一个世界文化遗产的对比分析框架以帮助世界遗产委员会促进文化遗产这三大方面的建设。

但从 20 世纪 90 年代初开始，针对世界遗产全球战略的争议开始显现：它作为一种基于史学和美学分类的功能类型学方面的研究，只能囊括世界文化遗产多样性或活化遗产的实际状况中很小的一部分。因此，世界遗产委员会认为有必要找到一种方法来确保世界遗产名录可以反映文化的多样性，从而反映人类智力、宗教和社会等方面的多样性。

1992 年国际古迹遗址理事会使用"世界文化区划"（World Cultural Provinces）的概念，制定了一个综合了时间、文化、主题和地理方法的全球研究框架，并经第 16 届委员会会议及国际古迹遗址理事会于 1993 年在斯里兰卡召开的第十次大会的进一步讨论，达成一致意见，召集一次会议来讨论"以一个在区域和专题水平上具有普适性的方法论来达到世界遗产名录具有代表性和可信度目的"这一议题。此次会议于 1994 年应世界遗产委员会要求召开，至此全球战略正式启动。

就全球战略的性质而言，它是一个为执行公约而制定的行动框架和操作方法论。它依赖具有突出普遍价值的遗产区域和主题界定，通过鼓励各国加入公约缔约国行列，准备预备名录并平衡其内容，以及为在世界遗产名录中代表性尚不足（类别及区域等方面）的遗产项目做好准备提名等多项工作，来确保产生一个更具有平衡性和代表性的世界遗产名录。全球战略提供了一种新的视角，它打破了对遗产狭义的界定，致力于认证和保护那些可以反映人地共存、人类互动、文化共生、精神和创造性的表达方面具有突出价值的遗产。为此，世界遗产全球战略在其内容要义中针对代表性（representatives）、平衡性（balance）和可信度（credibility）三方面的建设分别作了细致规定，进一步明确了致力于提升多元地理区域或人类历史上重大事件代表性的宗旨。

② 世界遗产全球战略的近年成效和未来趋势

世界遗产全球战略自 1994 年实施至今，据其实施前后世界遗产发展的不同状况，及国际古迹遗址理事会、世界自然保护联盟的进度报告内容概况，世界遗产事业的发展具有较明显的阶段性。

世界遗产全球战略诞生之前，一份以 1987 ~ 1993 年为时间范围的世界遗产全球研究报告指出，欧洲的历史城镇、宗教纪念物和精英建筑在世界遗产中被过度代表。同时，所有活文化，尤其是传统文化的代表性不足。

1994 年以来，世界遗产委员会与国际古迹遗址理事会、世界自然保护联盟等举办了多项专家会议并进行了大量比较研究，推进遗产观念的进一步变革和扩散。1994 ~ 2003 年间，加入公约和递交预备名录的缔约国数量均有较大增长；一批新的遗产类型如文化景观、运河遗产、遗产线路等在全球战略行动框架下应运而生；世界遗产名录在区域（如阿拉伯）、类型（如自然遗产）上的代表性都取得了一定进展。但就文化遗产而言，欧洲和北美地区的遗产数量与其他地区之和的比重有不降反升的趋势；而建筑、历史城镇、宗教和考古类遗产项目合计占世界遗产名录总数的 69%，仍是几个代表性最突出的遗产类型，反映了世界遗产在全球的区域、类型分布等方面的不平衡现象仍较严重。这段时期亦被定位为"能力建设时期"，其实施成果在之后的几年内才逐渐显现。文化遗产的价值阐释体系仍较多停留在传统框架下，人类与遗产主体的关系被较多解释为"创造精神的代表作"，从而有较多文化遗产被划入纪念物、建筑及场所群的行列。

2003 ~ 2009 年间是全球战略实施成果开始多方显现的时期，如无世界遗产项目的缔约国数量下降、递交预备名录的缔约国数量上升；文化遗产增长的同时，自然和混合遗产的数量也有较大增长；欧洲和北美地区的文化遗产项目比重明显下降等。在世界遗产的代表性方面，2003 ~ 2009 年新增的 162 项世界遗产中 31 项都来自遗产代表性不足的地域，文化遗产在地域上的代表性也大大增强；现代遗产数量有所上升；文化景观等新兴的遗产类型在改善世界遗产的地域和文化上的代表性方面亦成效显著。在价值阐释体系上，国际古迹遗址理事会指出，2003 ~ 2009 年间文化遗产发展的大趋势已经显现，即从纯粹的建筑视角开始向更倾向人类学的、多功能和具有全球意义的价值观转变。

2000 年在澳大利亚凯恩斯召开的第 24 届世界遗产委员会会议提出的限制缔约国每年送审遗产项目数量的《凯恩斯决议》，旨在增强世界遗产名录的代表性，以及有效管理委员会及其咨询机构、世界遗产中心的工作。经第 27、28 届世界遗产委员会会议的不断修订完善，其实施效果自 2003 年以来已得到明显体现，列入世界遗产名录的遗产数量和种类有显著增加，尤其是在均衡文化和自然遗产比重等方面。

但也应看到，全球拥有 3 项及以上世界遗产的缔约国所占比重不降反升。而全球各大区域内，遗产项目集聚于少数国家和地区的形势亦较突出。文化遗产的全球不平衡局面若从根本上得到改变仍需时日。

③ 世界遗产全球战略背景下中国面临的挑战与机遇

在全球战略及《凯恩斯决议》的制约下，各缔约国，尤其是遗产大国的遗产申报将受到不同程度的影响。1994 年全球拥有 11 项及以上世界遗产的缔约国数量仅 7 个；2004 年上升为 19 个，合计拥有遗产项目 389 处，超过当时全球遗产总数的 50%；2009 年分别为 20 个、459 处和 51.5%；2013 年 6 月底的统计分别为 24 个、555 处和 56.6%。可以看出，拥有多项世界遗产项目的缔约国数量及所占遗产比重仍在持续增加。因此今后世界遗产大国面临的申遗形势普遍不容乐观。对于中国这样的文化遗产大国尤其如此。

与此同时，历史城镇作为人类社会文明高度集中的物质空间载体，最能反映不同时空环境下物质和精神文化的多样性和综合性，仍不失为文化遗产或混合遗产申报的重要力量之一。2013 年最新列入世界遗产名录的 19 项世界遗产中，4 项为历史城镇类遗产，占新列入文化遗产数量（14 项）的近 30%，可见其重要性和申遗潜力仍不可小觑。

综上，我国在历史城镇类遗产的申报与保护上仍大有余地。关注全球历史城镇类遗产的整体走势，发掘在地理区域和文化形态上更具代表性的遗产类型，或可为我国世界遗产事业提供新的机遇。

（2）全球历史城镇类世界遗产项目概况 ❶

以世界遗产中心官网的电子出版刊物《管理历史城镇》为例，其统计了截至 2009 年 7 月列入世界文化和自然遗产名录共计 200 项的历史城镇类世界遗产地。近年来收录世界遗产中心官网的历史城镇类遗产已超过 250 项。以前者的统计数量和录入标准进行增补，确定了现有世界遗产名录中的 246 项历史城镇类遗产地。从结果看，以文化遗产为主，混合遗产仅有 2 项。同时，自 1978 年历史城镇类遗产首次列入世界遗产名录以来，其不同时段的列入数量经历了先升后降的过程，1995 ~ 1999 年间最多，2000 年后逐渐减少。这 246 项遗产在全球地理区域分布、城镇职能及文化属性方面具有一些明显特征，分述于下文。

---

❶ 本节及下文第 1.1.1.2 小节（3）部分内容已择要发表于《中国园林》杂志，详情见：徐敏.中国海滨及海岛历史城镇类遗产申遗潜力研究 [J]. 中国园林，2016，32（10）：94-98.

① 区域分布特征

从 246 处历史城镇类遗产的地理分布（表 1-1）可大致看出，地中海和大西洋沿岸的欧洲海洋文明下的城镇占据主导地位。而亚太地区数量较少，且多深处内陆。海陆分异成为全球历史城镇区域分布差异的明显特征之一。

当内陆与海洋的地域差异的量变积累到一定程度，则会导致城镇面貌与文化内涵方面的质变。如以农耕为主的内陆生产方式与"田三渔盐七"的海滨生产生活方式有迥异差别。从量变到质变过渡过程中所产生的多层级的地理区位和社会组织方式及文化方面的差异，可以很好地弥补世界遗产名录所代表的文化多样性和地域平衡性等方面的不足。

为进一步量化全球历史城镇类遗产的区域差异与海陆差异，据世界遗产中心官网给定的遗产地理坐标，借助 GIS 空间定量分析，将 246 项遗产的空间分布按距离海岸线远近的标准，精确划定离海岸线 100 千米以上、100～20 千米、20～2 千米、2 千米以下四个不同的圈层（表 1-1），其中离海岸线 100 千米以上者为相对内陆城镇；2 千米以内者则属于海洋性特征显著的海滨及海岛城镇。

从各圈层内遗产项目数量的区域分布来看，欧美地区的历史城镇类遗产在各个圈层及全球总数上均拥有主导话语权。在离海岸线 20 千米以内的两个圈层中，拉美（26.32%）、欧美（57.78%）的遗产项目比重都远高于全球平均值（差额分别为 7.21%、6.15%）。而亚太地区则远低于其全球平均值（两个圈层差额分别为 4.71% 和 5.93%）。在 2013 年历史城镇项目未列入之前，对应的差值还要更显著（4.09% 和 7.44%）。可见，在相对靠近海岸线的地理区域内，欧美和拉美地区历史城镇类遗产的代表性比较强，而亚太地区则明显不足，尤其是在海滨及海岛地区的不平衡现象更加显著。

各区域内不同圈层的遗产数量分布亦存在明显差异。就距离海岸线 20 千米以内两个圈层的遗产项目比重之和来看，欧美、拉美、非洲（尤其是非洲）地区远高于全球平均值（33.74%），而亚太地区（19.36%）远低于此值。在离海岸线 2 千米以内的圈层中，2012 年亚太地区与全球平均值的差值为 11.29%，2013 年最新的历史城镇项目列入后降为 8.61%，但亚太地区仍为该圈层内比值最低的区域。说明世界遗产委员会已注意到这种区域间的不平衡，并在努力缩小差距，但其状况尚未得到根本改变。亚太地区的代表性尚待提升。

针对以上全球海滨及海岛城镇分布不平衡现象，本书专门统计了 246 项遗产中的海岛城镇。除英国、斯里兰卡这样的大型岛屿国家外，海岛城镇共计 30 处，其中欧美、拉美、非洲和亚太各 16、6、4、4 项，可以看出欧美地区的海岛城镇数量仍占绝对优势，多分布于地中海（9 项）及大西洋沿岸（4 项），而亚太地区则代表性不足。

② 职能文化属性

一座城镇往往具有多重职能。据世界遗产中心官网对 246 项遗产的城镇职能不同侧面的强调程度，可将其分为以一种或两种职能为特色的城镇和三种及以上职能的综合性城镇，其数目分别为 102、14 和 130 项，综合性城镇超过半数，其中又有至少 36 处城镇曾经或现在仍为首府，其分布遍及全球五大区域，是地域和文化两方面代表性都较强的城镇类型。以一种或两种城镇职能为主的历史城镇中，商贸、宗教是较突出的职能类型，其次是军事和工矿类城镇（表 1-2）。

表1-1　全球历史城镇类世界遗产的海陆及区域分布

圈层	遗产实际数量						各圈层内不同区域的遗产数量比重						各区域内不同圈层的遗产数量比重				
	欧美	拉美	阿拉伯	非洲	亚太	全球	欧美/%	拉美/%	阿拉伯/%	非洲/%	亚太/%	全球/%	欧美/%	拉美/%	阿拉伯/%	非洲/%	亚太/%
≥100千米	52	22	15	4	15	108	48.15	20.37	13.89	3.70	13.89	100.00	40.94	46.81	48.39	40.00	48.38
100~20千米	31	7	7	0	10	55	56.36	12.73	12.73	0.00	18.18	100.00	24.42	14.89	22.58	0.00	32.26
20~2千米	18	10	4	3	3	38	47.37	26.32	10.53	7.89	7.89	100.00	14.17	21.28	12.90	30.00	9.68
≤2千米	26	8	5	3	3	45	57.78	17.78	11.11	6.67	6.67	100.00	20.47	17.02	16.13	30.00	9.68
共计	127	47	31	10	31	246	—	—	—	—	—	100.00	100.00	100.00	100.00	100.00	100.00

注：表中的欧美、拉美、阿拉伯、非洲及亚太分区代表世界遗产全球五大分区中的欧洲与北美地区，拉丁美洲与加勒比地区，阿拉伯国家，非洲，亚洲与太平洋地区，下同。

表1-2　各圈层内不同职能为主的城镇数量分布

圈层	以一或两项职能为主的城镇							综合性城镇	全球共计
	商贸	宗教	军事	工矿	居住	文化	共计		
≥100千米	15	11	7	12	5	5	52	56	108
100~20千米	4	9	5	4	5	3	30	25	55
20~2千米	7	2	2	0	0	2	10	28	38
≤2千米	13	2	5	2	2	1	24	21	45
共计	39	24	19	18	12	11	116	130	246

注：数据统计方式同上。

在全球历史城镇类世界遗产中，较多的历史城镇被打上了殖民文化的烙印，是地理大发现以来欧洲资本主义进行全球殖民扩张的有力证明，这点在相对靠近海岸线的地区表现得更加明显。246 项遗产中，16 世纪以来的殖民类城镇共计 46 项：其中拉美、非洲和亚太地区共计 38 项，占 82.61%；拉美地区又占六成以上，是殖民类城镇最多的地区。距海岸线 20 千米以内的两个圈层中，拉美、非洲和亚太地区的殖民类城镇所占比重过高，尤其是 2 千米以内的圈层几乎全是（表 1–3）。它们大多是由欧洲殖民者所建立的全球贸易口岸、工矿基地和殖民住区等发展而来。可见，亚非拉等不发达地区的海滨及海岛历史城镇中，殖民类城镇被过度代表，而反映本土文化特色的传统城镇的代表性严重不足。

表 1-3　殖民类历史城镇与全部历史城镇的数量对比

圈层	欧美		拉美		阿拉伯		非洲		亚太		全球	
	殖民类	全部	殖民类	全部	殖民类	全部	殖民类	全部	殖民类	全部	殖民类	全部
≥ 100 千米	1	51	10	22	0	15	0	3	1	14	12	105
100 ~ 20 千米	1	31	3	7	0	7	0	0	0	10	4	55
20 ~ 2 千米	1	18	8	10	0	4	2	3	1	3	12	38
≤ 2 千米	4	26	8	8	1	5	2	3	3	3	18	45
共计	7	126	29	47	1	31	4	9	5	30	46	243

注：数据统计方式同上。

（3）近年来中国文化遗产申报的动向

国内历史城镇类遗产项目的确认亦遵照上文标准。此外，中国自 1985 年加入公约以来，先后于 1996 年、2006 年、2012 年分别向世界遗产委员会递交并更新了世界遗产预备名录。名录详情见世界遗产中心官网等。

① 世界遗产名录中的文化遗产

截至 2014 年，我国的文化遗产中，1987 年列入世界遗产名录的项目最多（6 项），其后基本呈整体下降趋势，2000 年以来受到《凯恩斯决议》的影响，每年不多于 1 项。古建 / 园林是总数最多的遗产类型，2007 年以来列入项目相对集中于古建/园林与文化景观（表 1-4）。就其地域分布而言，沿海省区涉及 7 项，其中 2005 年以来新增 4 项，但仅有澳门历史街区和长城局部（山海关）位于距海岸线 2 千米以内的海滨地区，其他多位于距海岸线 100 千米以上的相对内陆地区。

② 预备名录中的世界文化遗产

预备名录中的文化遗产是《保护世界文化与自然遗产公约》的缔约国认为其境内具备世界遗产资格的遗产。我国先后递交并更新的三批预备名录分别包含 26、35、45 项遗产。从其属性的变迁看，第一批全为单遗产地项目，而第二、三批中涉及多遗产地的项目增至 19 个、16 个。

从各批次内容变化上来看，第二批较第一批而言，在原基础上修订扩展者9项；新增26项（其中扩展项目4项）。第三批较第二批而言，维持不变者10项；在原基础上修订扩展者12项；新增20项；第一批在列，但第二批取消，第三批又重回名录者3项。表1-5为三批中变动最大的项目详情。同时，遗产项目在修订过程中，自身定位也更加细致和精准，如第二批中的"瘦西湖及扬州历史城区"在第三批时被修订为"扬州瘦西湖及盐商园林文化景观"，其范围虽由整个历史城区收缩为盐商园林，但更加突出了扬州老城区的遗产特色和价值。

表1-4　各时段内中国世界文化遗产的种类及列入数量分布

类型	1987～1991年	1992～1996年	1997～2001年	2002～2006年	2007～2011年	2012～2013年	共计
古建/园林	1	4	4	0	2	0	11
古遗址	1	0	0	1	0	1	3
石窟石刻	1	0	3	0	0	0	4
皇家陵寝	1	0	1	1	0	0	3
文化景观	0	1	0	0	2	1	4
历史城镇	1	0	3	1	1	0	6
共计	5	5	11	3	5	2	31

注：表中数据来源为国家文物局官网等，详情见正文相关内容。

表1-5　三批预备名录中变化最大的项目

类别	第一批		第二批		第三批		修订内容		
	名称	遗产地	名称	遗产地	名称	遗产地	名称	内涵	遗产地数量变化
连续变化项目	西安碑林、西安古城墙	陕西西安市	明清城墙	兴城城墙（辽宁兴城市）、南京城墙（江苏南京市）、西安城墙（陕西西安市）	中国明清城墙	兴城城墙（辽宁兴城市）、南京城墙（江苏南京市）、临海台州府城墙（浙江临海市）、寿县城墙（安徽寿县）、凤阳明中都皇城墙（安徽凤阳县）、荆州城墙（湖北荆州市）、襄阳城墙（湖北襄阳市）、西安城墙（陕西西安市）	扩展	改为专题	增加
	牛河梁遗址	辽宁朝阳市	牛河梁遗址	辽宁凌源市、建平县	红山文化遗址	牛河梁遗址（辽宁朝阳市）、红山后遗址（辽宁朝阳市）、魏家窝铺遗址（内蒙古赤峰市）	扩展	扩大	增加
	江南水乡城镇	江苏周庄镇、同里镇	江南水乡古镇	周庄（江苏昆山市）、角直（江苏苏州市）、乌镇（浙江桐乡市）、西塘（浙江嘉善县）	江南水乡古镇	角直（江苏苏州市）、周庄（江苏昆山市）、千灯（江苏昆山市）、锦溪（江苏昆山市）、沙溪（江苏太仓市）、同里（江苏苏州市）、乌镇（浙江桐乡市）、西塘（浙江嘉善县）、南浔（浙江湖州市）、新市（浙江德清县）	微调	—	增加

类别	第一批		第二批		第三批		修订内容		
	名称	遗产地	名称	遗产地	名称	遗产地	名称	内涵	遗产地数量变化
中断过的项目	佛宫寺释迦塔	山西应县	取消		辽代木构建筑	应县木塔（山西应县）、义县奉国寺大雄殿（辽宁义县）	扩展	扩大	增加
	程阳永济桥	广西三江侗族自治县	取消		闽浙木拱廊桥	浙江泰顺县、景宁县、庆元县，福建寿宁县、周宁县、屏南县、政和县	改动	扩大	增加
	铜绿山古铜矿遗址	湖北黄石市	取消		黄石矿冶工业遗产	湖北黄石市	扩展	扩大	增加

注：表中数据来源为国家文物局官网等，详情见正文相关内容。

　　各批预备名录中遗产项目所涉省域范围，从先前的较多集聚于古都等遗产优势地区（如北京），逐渐向全国范围推进。至 2012 年底，中国的世界遗产预备名录已涉及全国 29 个省域，加上世界遗产项目所在省域，已做到除上海、海南和台湾以外全覆盖。将三批次中整体保持增长的省市区单独抽取出来（图 1-1）便可看出，三批次中遗产数量增长较快的地域主要集中在东部沿海省区（苏、浙、闽、桂）和边远少数民族地区（蒙、黔、川等），而青、藏、甘、黑等省区 2012 年首次涉及。各批次中涉及少数民族地区的项目总数由 4 项上升为 11 项和 21 项，增长较快的遗产类型如都城及遗址亦大多位于少数民族地区，如辽代上京和祖陵遗址等。

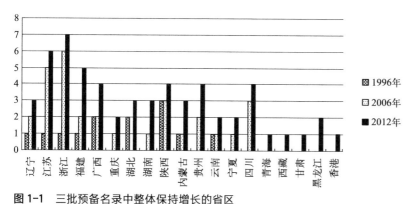

图 1-1　三批预备名录中整体保持增长的省区
注：单个遗产项目中，若一个省区涉及多个遗产地，则该省只计入 1 次。

　　若以上文中距海远近的 4 个圈层为标准来进一步分析，则可看出，多地联合申遗导致项目地域跨度增大，各批次中占据 2 个或以上圈层的项目数量由 0 项增至 3 项和 6 项。另外，后两批次的遗产项目中开始有较多扩展到距海 100 千米以内的几个圈层，但 20 ~ 2 千米、2 千米以内两个圈层内的遗产数量增长有限（表 1-6），目前仅涉及 6 项遗产，以遗产线路（丝绸之路）、系列遗产（青瓷窑遗址、明清城墙、闽南红砖建筑）为主，其项目本体仍主要在内陆。目前完全位于 2 千米以内圈层的遗产项目仅鼓浪屿 1 处（单遗产地）。

表 1-6　三批预备名录中各遗产类型的地域分布

类型	各圈层分布情况（第 1、2、3 批次数目）				各批次共计
	100 千米以上	100 ~ 20 千米	20 ~ 2 千米	2 千米以下	
古建 / 园林	13、7、6	1、2、4	0、1、3	0、0、1	14、10、14
古遗址	5、3、8	1、3、2	0、1、1		6、7、10
石窟石刻	1、2、3				1、2、3
皇家陵寝	0、1、2				0、1、2
工业遗产	1、2、4				1、2、4
文化景观	2、2、5	0、1、0			2、3、6
运河遗产	0、2、0	0、1、1			0、2、2
历史城镇	0、6、4	1、2、2		0、0、1	1、8、7
遗产线路	1、0、2	0、1、1	0、1、1	0、1、1	1、3、5
共计	23、25、36	3、10、10	0、3、5	0、1、3	26、39、54

注：鼓浪屿在此计入历史城镇类别。

从遗产类型分布看，古建 / 园林、古遗址最多。工业遗产和文化景观这两类新兴的遗产，近年增长较快（3 项及以上），而历史城镇虽属于增长较快且数量较多的遗产类型，但其近年的增长仍主要在内陆少数民族地区，相对靠海地区则增长有限。

通过以上三个方面的详细阐述可以发现，海滨及海岛地区的历史城镇，尤其是具有鲜活的本土文化传统的遗产，可从多层级的地理区域和文化形态上弥补世界遗产名录的代表性和平衡性不足的问题，这也是我国以及亚太地区世界遗产工作亟待扩展的方向。

综上，基于中国城镇遗产研究中存在的一些有待解决的典型问题，以及我国文化遗产申报、保护和管理工作的现实需求，中国城镇遗产的研究有待更深入细致地展开，此为本书的主要研究缘起。

1.1.2　研究意义

通过上文对研究缘起的阐述，结合下文 1.2 节对国际国内相关遗产研究情况的概览和分析，笔者将本书在城镇遗产研究领域的一些探索性工作的意义归纳如下。

全球文化与自然遗产保护的理念发端可追溯至 19 世纪初期，而世界文化与自然遗产则肇始于 20 世纪 70 年代，加之各国国情差异及遗产保护制度的多样性，在各国遗产保护与管理的理论与实践研究中，遗产概念的对接和认知统一并不是一件容易的事情。在遗产研究的早期甚至存在一些误读或误判的现象。本书从国内城镇遗产研究领域存在的遗产认知比较狭隘、与世界遗产概念不对接等典型问题出发，以世界遗产公约操作指南为标准，通过对国内外城镇遗产、海防城镇遗产概念的梳理，提出一种可行的城镇遗产的解读方式，并以漳州地区的明代海防城镇遗产为案例进行经验研究，以充实该解读方式，着力改变国内城镇遗产理论研究在某些方面仍有不足的现状，以便更好地与国际接轨。而在中国特殊的自然地理环境和人文社会背景下，我国的海防城镇遗产的经验研究，也将不断完善世界遗产研究中对城镇遗产的多元认知和解读方式。

同时，本书通过阐述在世界遗产全球战略的影响下，中国遗产申报、管理和保护工作面临的机遇和挑战，全球世界遗产的地域和类型分布不平衡状况，和近年来我国文化遗产申报和管理工作的动向，来分析我国海滨及海岛历史城镇（尤以海防历史城镇为典型）的代表性及其特色。对中国海防城镇遗产的系统梳理，以及对其遗产价值的发掘，可以为增强世界遗产的均衡性、代表性和可信性提供一种可行的途径，以世界遗产全球战略为指导，为中国文化遗产的申报、保护和管理工作提供一点现实指导。

另外，海防城镇遗产的经验研究，对中国世界遗产名录中已有遗产项目的遗产价值再发掘也具有较大意义，如本书通过对堡垒类海防城镇遗产进行遗产特点和价值阐述，重新认识了漳州地区的福建土楼（群）作为海防城镇遗产的典型遗产特点和突出价值，以期为海防类历史城镇遗产的整体保护和措施制定提供一点微薄建议。

1.2 城镇遗产相关研究概览

在明确中国城镇遗产需要深入细致研究的基础上，本书通过对国际国内城镇遗产研究和国际国内海防城镇遗产研究两方面的梳理来明确相关遗产有待深入研究的方向。

1.2.1 国际国内城镇遗产研究概览

1.2.1.1 城镇遗产研究的框架结构

有关城镇遗产的专题研究自 1990 年始，2000 年后呈逐年上升趋势，其中遗产保护和遗产旅游是中外城镇遗产研究的重要组成部分。国内的城镇遗产类型研究，以工业 / 产业遗产、非物质文化遗产、建筑遗产三大类为主。近年来，结合大数据技术、GIS/BIM 平台等的数字城市相关的前沿实践，探索遗产保护与城市发展之间的关系，协调城市规划、建设和遗产保护的矛盾，成为国内研究的主要议题。在国外，遗产价值评估和遗产管理研究较多，同时高度关注气候变化、可持续发展、城市遗产的公众参与等国际性议题。

城镇遗产研究的主题以旅游、人居、城市（规划、绿化、综合等）、环境类为主，从学科结构看，国外城镇遗产研究中，以旅游、城市规划类学科为主，环境学科、考古文博、工程技术专业所占比例也较大。国内城镇遗产相关研究以建筑、规划、设计类学科为主，辅以其他多种人文学科。

此外，国内外关于城镇遗产的研究还涉及历史时期和当代城镇遗产研究的理论实践总结，从经济学、哲学、社会学、地理学、生态学等多个学科角度来思考城镇遗产保护与城镇发展关系的文章均有涉及。研究当前城镇遗产保护中的现实问题和困难的较多，侧重对解决问题的方法和原则的探寻。

1.2.1.2 城镇遗产研究的主题分类

大量国内外城镇遗产的相关研究案例，根据其研究主题大致可分为遗产保护、遗产旅游、遗产价值（评估）、遗产管理四大类。

其中，遗产保护专题又可以分为两个小的主题：遗产的保护与（再）利用、遗产保护与城镇（名城）发展的辩证关系。

物质遗产保护的重要议题之一是如何再利用的问题，而再利用的主要对象尤以工业遗产为主，其次是建筑遗产。创意产业、资源枯竭型城市的资源开发，已经成为工业遗产保护与利用的两个热点议题。对工业遗产的保护利用问题的研究，以借鉴国外国内的先进经验（尤其是德国，以及国内的上海、北京）、探索工业遗产再利用的方式和开发模式为主。从工业遗产的案例分布来看，案例选择没有明显的地域集中的趋势，多地多城市均有涉及。遗产保护与现代化城市建设、城镇（名城）发展的辩证关系体现在两个方面：一是探索城镇化进程与遗产保护的矛盾与出路，寻求名城、名镇与城镇遗产保护的可持续发展道路，是中外城镇遗产保护理论和实践研究的主要议题，对于两者关系复杂性的认识，国内相关研究多从体制、意识、法规等方面来思考深层社会原因，并尝试以不同方式来寻求解决之道；二是城镇历史遗产保护成为促进文化名城建设，塑造城市文化的一个重要方面。

遗产旅游成为发掘城镇遗产价值和唤起保护动机的重要手段之一，国内城镇遗产旅游研究以资源开发为主，即对资源性城镇工业 / 产业遗产的旅游开发、城镇非物质文化遗产资源的旅游开发，以及世界遗产地城镇、特色历史城镇（尤其江南水乡城镇居多）的旅游开发和管理。另外，国外、国内期刊文章均有涉及遗产旅游中的游客体验、旅游产品开发等问题。近年来，数字技术、增强现实（AR）等新技术在遗产地旅游实践中的应用亦得到不断增强。

在遗产管理专题中，对历史城镇、世界遗产地及国家公园等不同类型的遗产的管理，进行风险评估和使用专业管理手段是国外遗产管理的一个特点。

相比之下，国内城镇遗产管理领域以研究国内外城镇遗产管理为主，涉及城市规划和遗产管理的概念及行政争议等问题。有结合经济学理念来探索我国城镇历史遗产保护规划管理方法的尝试。在遗产管理体制上，对于遗产保护、旅游过程中的公众参与、社区营造以及政府角色等有较多的研究。

在法规解读层面，涉及对世界遗产公约、濒危世界遗产名录、城市建筑遗产保护的重要宪章、国内历史文化名城名镇保护条例的解读等。但总体上对城市遗产法规的研究较少。

1.2.1.3　城镇遗产研究的类型

如前文所述，工业/产业遗产、非物质文化遗产、建筑遗产三大类型是国内城镇遗产的主要组成部分，工业遗产中又以工业建筑遗产和工业厂区为多。非物质文化遗产类型中，体育类和音乐类较多。

有关建筑遗产的案例研究主要集中在上海、天津、青岛等近代城市中，西安、长沙等传统城市的建筑空间亦有涉及。

运河遗产研究自20世纪60年代兴起，是近年来随着国内运河遗产申遗热而兴起的遗产研究热点之一。有关运河遗产研究的文章，多为实地调研和规划研究，涉及运河城市的旅游开发以及城市内部运河段的遗产保护等。

对奥运遗产、宗教遗产、地名文化遗产/文化景观的研究均有涉及。另外，红色遗产、农业文化遗产、水文化遗产等已作为遗产类型被提出并加以研究。

近年来，遗产廊道、线性遗产类型的研究逐年增多。

相对国内的研究而言，国外城镇遗产研究对遗产概念的理解和遗产类型的涉及是比较广义的，如战争遗产（the heritage of war）（负面遗产）、规划遗产（planning heritage）等都被列入可研究的遗产类型。

1.2.1.4　城镇遗产案例的地域分布

国外的案例通常选择具有地域、宗教或文化特色的城镇，如地中海城镇、峡谷地带或流域内城镇、阿拉伯 – 伊斯兰城镇、少数族群聚集区等城镇。而国内相关研究案例集中在三类地带：历代文化古都（北京、洛阳、西安、南京）、地理区域特色突出区域、世界遗产所在地，其他区域关注较少。对城镇遗产三大主要类型的研究较其他类型居多，这些遗产类型与城市区位和文化特色的关联并不十分紧密，不足以完整展示此类城市的地理、文化特色。

综上，国内外城镇遗产研究专题以文化古都、世界遗产地城镇、特色小城镇居多，物质类型研究以工业/产业遗产、非物质文化遗产、建筑遗产三大类型为主流。近年来日益注重新技术手段的应用，探索遗产保护的可持续道路，注重对遗产适宜性再利用和开发模式的探索。

从遗产研究的类型看，目前国内的城镇遗产研究较多集中在对世界遗产地城镇、文化古都、特色小城镇（如水乡城镇）的研究，对海滨城镇类遗产地的研究相对较少。在为数不多的海滨城镇类遗产研究中，对城市整体遗产环境和文化特色定位不明，对城市的滨海地理特点以及海洋文化属性认识不够，有待系统地深入研究。

从东西方文明起源的不同特点来看，中国的文明起源于大河流域，而西方文明起源于海洋。在中国，海洋文明没有得到应有的重视，但海滨城镇所承载的历史文化同样是中国文化史不可或缺的部分，处于儒家文化体系下的中国海滨城镇的海洋文化，应该具有与西方不同的内涵和特质。

通过以上分析，可以看出，对海滨地区特色城镇遗产类型的研究，如海防城镇遗产研究，是中国城镇遗产研究中可以深入的领域之一。在此基础上，本书进一步展开了对国际国内海防城镇遗产研究的文献梳理。

1.2.2　国际国内海防城镇遗产研究概览

国外防御类城镇遗产相关领域的科研成果，较多以海滨地区的防御性城镇及相关遗产研究为主，其中绝大多数是以案例为基础的经验研究。

海滨防御类遗产的研究对象以堡垒、要塞类为主，海军军工（包括码头、船坞、训练中心）等类亦有涉及。部分遗产属于国家历史遗迹或国家公园，如美国的个别国家历史遗迹、国家公园等。涉及学科领域以规划/建筑学科最多，其次是考古学科与历史学科。研究主题以海防实体遗产的职能转型、改造、更新与再利用等最多，其次是遗产考古、遗产技术（包括遗产监测、考古技术与 GIS 分析、遗址修缮等）与遗产历史。

相比之下，国内涉及海防城镇的案例研究较多，涉及案例的建成时期以明代和清末两个时期为主，宋元及以前很少涉及。

就研究专题而言，以历史研究居多，其次为遗产价值和遗产旅游研究。历史研究中涉及城镇主体的文献大多聚焦于城镇发展建设史。遗产旅游类研究以文化资源的旅游开发、品牌塑造为主，个别涉及遗产旅游的真实性的讨论。

就研究内容而言，涉及遗产保护与利用等内容的案例研究较多，其次为遗产管理、旅游专题。研究内容涉及历史考证，如地望考、地理位置研究、建置年代考，其他的有规划设计、考古研究、技术专题等。

从相关案例研究的遗产类型上来看，卫所和炮台是海防城镇的研究主体，其次是沿海近代城市以及港口。其中，福建省涉及的案例数量较多，尤其是明代海防卫所的数量较多，但研究的深度尚不够，与福建省内丰富的海防城镇遗存不相符合。

非案例部分的研究以历史研究为主，较多涉及明代的都司、卫所等军事制度研究，以及晚清的海防政策及其海防思想研究，部分涉及全国及区域海防建设史、海防政策与形势，卫所制度、筑城思想、空间形态、卫所方志、地方经济史与贸易发展史等。

概言之，有关海防城镇及相关遗产的研究中，以历史、文化简介较多，整个海防城镇遗产的研究质量还有较大的提升空间。而地理研究（尤其是历史地理）相对集中在辽东等地区的卫所建置与分布上，在卫所的制度体系、分布特点、区域特色、时空分布等领域均有较大突破空间。

同时，有关海防城镇遗产的专题讨论中，存在较多概念混淆、误导和错误等现象，如有人将蒲壮所城等海防遗迹定义为"自然遗产"，还存在对研究主体，即"遗产"本身的内容和范围界定严重不清晰的问题，所以建立在其上的研究也就成了无源之水。有的研究将遗产真实性纳入遗产旅游真实性的概念中。

概观中外海防城镇及相关研究现状，涉及海防城镇、历史中心等海防历史城镇的专题研究较少，且缺乏对整个海岸线上海防城镇遗产体系的系统研究和遗产现状梳理，以及在此基础上展开的系统性的海防历史城镇类遗产保护规划等相关研究。另外，在遗产概念认知上存在较严重的认知误区。

通过以上的文献综述，得出以下主要认识，其一，国内城镇遗产研究中存在类型与地域分布不均的现象，海滨地区的城镇遗产类型有待进一步扩展；海防城镇遗产是中国城镇遗产中可以深入研究的一个领域。其二，中国海防城镇遗产中存在以个案研究为主、研究对象相对集中且单一、海防物质空间遗产的系统性研究有待加强等问题。此为本书确定研究主题、相关研究内容和研究手段的背景和前提。

1.3 本书主要内容与研究方法

1.3.1 主要内容

关于研究对象（海防城镇遗产），首先需要说明的是，笔者已通过前文的详细阐述指出，将海防城镇遗产作为一种富有地域和文化特色的城镇遗产类型来进行深入研究。因此，本书的研究对象毫无疑问属于城镇遗产，但海防城镇遗产也可以是海防遗产或防御性遗产的一个分支，如上文中国际古迹遗址理事会对防御性遗产的分类中，就有防御性城镇这一分支。

参考前文世界遗产研究中城镇研究的分类标准，以及本书对城镇遗产的解读方式，海防历史城镇和海防城镇遗产要素是海防城镇遗产的两个基本构成，也是本书研究的主要对象。在明代的沿海地区，尤其是官方修筑的海防卫所城镇中，海防城镇周边尚存在较多烽堠、巡检司、水寨等外围的辅助防御设施，本书的研究对象主要集中在海防城镇本体，但对这些外围辅助设施的分布等研究内容在部分章节中也有所体现。

（1）研究所涉时空范围

按照国内海防史的相关研究，目前学界比较统一的意见是我国的海防历史，尤其是国家层面的海防历史，起始于明代。本书的研究对象以明代的海防历史城镇为主。其空间范围则以现在的中国沿海地带（沿海省份中有海岸线的县级行政辖区及其所辖海域、海岛等）为基础，参照明清时期的行政区划情况及中国海防城镇遗产（尤其是其中的海防历史城镇）的分布情况进行适当调整。

需要说明的是，辽东地区属于明代"九边"重镇的范畴，其防御的主要对象为北方游牧民族，同时其地处海滨，兼具海防防御的职能。关于此地区的陆上防御与海上防御性质的具体界定，目前学界说法各异，并无定论。本书在进行相关研究的地域划定时，将与长城直接相关的研究地域及研究对象（如山海关）列入长城防御体系，而非沿海防御体系之列。明代辽东地区的沿海防御城镇，尤其是官方修建的卫所城镇，则参照明代海防专志文献记载及古地图的海防地域范围和海防实体对象来确定。综合考量以上多方因素，将本书的空间研究范围界定为：以当前省级行政区划边界为参考的沿海 11 个省、自治区、直辖市范围内，即沿海岸线从北到南依次为：辽宁省、河北省、天津市、山东省、江苏省、上海市、浙江省、福建省、广东省、广西壮族自治区、海南省。

（2）章节框架与主要研究内容

在第 1 章绪论的基础上，接下来的主要章节框架及研究内容如下。

第 2 章为概念解读，对城镇遗产提供了一种在中国的地域文化背景下较为可行的解读方式，试图来弥补我国在城镇遗产领域认知的不足等，并进一步明确海防历史城镇遗产的概念和具体研究对象，为下文对漳州地区明代海防城镇遗产研究的分析奠定基础。

第 3、4、5 章为本书研究内容的主要组成部分。

第 3 章是对中国沿海地区的海防环境、沿海地区的外城形制研究，以及明代海防城镇遗产的重要组成部分——明代海防卫所城镇的整体研究；同时对我国明代海防城镇遗产及城镇遗产资源的现状进行梳理。在沿海地区的史地背景和遗产现状分析的基础上，分析了中国漳州地区明代海防城镇遗产的案例研究条件。

第 4 章以中国福建省漳州地区为例，专门选取了以诏安古城、铜山所城以及梅洲堡城为代表的海防堡垒城镇为重点研究对象，从海防区位、建置演变、形态变迁、类项对比等方面，阐述了行政型、海岛型及堡垒型三种类型的明代海防城镇遗产及其遗产特点与价值。

第 5 章在价值阐述和遗产保护现状分析的基础上，指出了漳州地区明代海防城镇遗产保护存在遗产价值真实性认知偏误、海防历史城镇定位的缺失、有效保护范围的界定偏误等问题，并据此提出了有关明代海防城镇遗产的申报、管理和保护等具体建议。

1.3.2 研究方法

本书在研究过程中运用了地理学科（尤其是历史地理学）的基本手段，同时结合了建筑学、城市规划等领域的研究方法，现将其概括如下。

（1）历史文献分析

本书第 3 章对相关史地背景的分析和第 5 章以案例为基础的遗产价值阐述都以整个沿海地区为资料收集范围，笔者阅读并分析了大量古今地方志等文献史料，并将方志文献中的史料记载作为深入分析的数据支撑和引文证据。

（2）古地图、古图以及卫星航片、高程图的运用

作为地理学的基本研究手段之一，对古地图和古图的引用、分析在本书的第1、2、4、5等主要章节中均有体现。笔者从北京大学图书馆获得了一批珍贵的方志古图和古地图资料，并以此作为本书在海防城镇遗产研究中的重要研究手段之一。如第3章中对明代沿海地区各地府州县及卫所城池的外城形制，以及明代海防卫所城镇的选址、建置、空间布局的研究，都围绕古图和古地图展开。又如诏安古城的西关城及明代外城的形式和大致位置，也是通过漳州地区同类县城（如海澄县）的史料和古图记载来辅助推测的。

（3）GIS（地理信息系统）工具和定量分析手段的运用

GIS工具是地理学研究的基本手段之一，在本书中亦得到应用。第1章中对全球历史城镇类世界遗产项目地域分布的分析即借助了GIS的手段，使文章的数据更具有说服力。

另外，文章通过文献阅读与资料收集，以及通过国家文物局官网等政府官网获得了大量真实可靠的数据资料，并经过较细致的统计分析，最终在正文中以图、表的形式表现出来，增强本书的说服力。

（4）现场调研和实地访谈

本书第3、4、5章中关于漳州地区明代海防城镇遗产的所有地方志等基础资料、测绘图、地图等图纸资料，以及当地政府官网提供的部分城镇规划资料等，均为笔者在漳州地区实地调研期间，于漳州市及漳州地区各市县的文物部门、图书馆、档案馆、地方志办公室、规划局等政府部门获得的第一手资料，其来源真实可信。

另外，笔者在漳州地区进行实地调研时，结合在现场看到的古城墙残址等遗迹，以及漳州地区的文献史料记载，进行了遗址复原等推测。如在全国第三批文物普查工作中发现的悬钟城的外城城墙残段，可证实悬钟城在明清时期曾有外城存在，这一发现弥补了地方志等文献记载的不足，再结合漳州地区的各县的方志史料记载进行类比，本书认为外城的存在应该是明代当地筑城的普遍现象。

同时，在一些基础资料比较缺乏的乡村及城市远郊地区，笔者采用入户访谈的方式，获得了一些比较珍贵的口头资料，这有助于我们更好地认知不同历史时期的海防城镇景观和海防城镇遗存的现状特点。这些研究方法在第5章的诏安古城的案例研究、梅洲堡城的案例研究，以及悬钟所城、铜山所城的案例研究中，都有比较普遍的采用。

（5）对比分析

对遗产案例的纵横向对比分析，不仅是地理学的基本研究手段之一，也是世界遗产研究中基本的遗产研究手段之一。对比分析的方法自始至终贯穿全文的研究过程。本书不仅在第3章中大量采用了区域横向对比分析的方法，在遗产价值的阐述上，也采用了与已有的世界遗产项目进行对比分析的手段，以突出案例自身的遗产特点和价值。

第 2 章　海防城镇遗产相关概念解读

前文已经指出，世界遗产中心及国际古迹遗址理事会等机构对"城镇遗产"的解读，因研究者和影响因素的不同，而存在多种不同的方式，且目前对世界遗产的主题类型划分也是一个开放的系统，允许被不断地修订或调整。而在中国的国情条件下，由于对城镇遗产的认知较狭隘，仍有很多尚未被列入城镇遗产范畴的遗产实体存在，其中包括大量位于乡村聚落、荒郊、水下等无人区中的城镇整体，以及城镇空间要素形式的遗存，包括那些以古城址及其片段等形式存在的遗址等。因此，结合中国的历史和文化环境，对于城镇遗产有进一步深入解读和阐释的必要。本章从城镇遗产和村落遗产的关系入手，提供一种在本土文化背景下对"城镇遗产"的解读方式。对城镇遗产的主要组成部分——历史城镇与城镇中心亦进行了概念解读。

海防城镇遗产是城镇遗产中的一个分支，也是本书的研究对象。在城镇遗产解读的基础上，本章进一步明确了海防城镇遗产的概念和本书的具体研究对象。

2.1 "城镇遗产"概念解读

世界遗产中心并没有给出城镇遗产的具体定义，而是在对世界遗产名录中的遗产项目进行划分时，将城镇遗产分为两类。

① 历史城镇：包括整个的历史城市、市镇，或其部分（如中心城区、历史街区等）。

② 在城镇背景下的世界遗产地：包括纪念物和遗产地等。

这两种分类均没有交代遗产所处的具体时空范畴和文化背景。在中国的文化背景下，中国古代的城池和郊野聚落在社会职能、经济属性、聚落景观等方面都存在典型的不同，而今天的城乡聚落环境又有更复杂的时空交叠关系。尤其是以行政为主要区分手段的国内文化环境下，这种简单的定义，对识别和鉴定城镇遗产还不具备操作性，因此，有必要找到一种结合中国国情（尤其是结合行政手段）和遗产所处环境，并具有可行性的解读方式，来帮助我们区分城镇遗产与村落遗产，鉴别城镇遗产，进而阐释其独特的遗产价值。

2.1.1 "城镇遗产"的基本构成

城镇（城市）遗产与村落遗产是聚落遗产的两个主要方面。前文提到，中国的遗产环境下，城镇遗产与村落遗产是两大并行的研究主线，对城镇遗产与村落遗产之间相互关系的梳理，或可为我们解读本土文化背景下的城镇遗产提供有益的思路。

研究城镇遗产与村落遗产的区别与联系，首先要研究城镇与村落的区别与联系。目前国内学界对于城镇与村落的界定涉及行政等级、用地规模、经济指标、人口密度、建筑密度、聚落景观等多重标准，任何一个单一的评定标准都不足以准确界定城镇与村落。

在漫长的历史时期内，城镇与村落存在彼此转化的多种可能性，其空间位置和范围也在不断发生变化。因此两者存在着复杂的时空交叠关系。

为了解析城镇和村落这种复杂的时空关系，我们首先抽象出两个具有完整和明确边界的地理实体，以行政手段将其区分为"城镇"或"村落"。在此基础上，先在一个静止的时间点上讨论其空间关系。我国古代时期和近现代时期，城镇与村落的空间关系和聚落景观呈现明显不同的状况。在清代及以前，城镇与村落除了在行政上为辖属和被辖属关系外，两者具有完全不同的职能和聚落景观，城镇具有非常完善的行政管理职能和复杂的社会经济活动，村落则以居住为基本职能，辅以一些初级的商品交换等活动，聚落景观以与周边自然环境的融合为主要特色。在空间上，两者通常以城墙为界，为互不相交的关系（图2-1）。

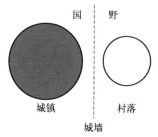

图2-1 静止时间点（古代）上城镇与村落的空间关系

注：图为作者自绘。

在长期的历史发展中，城镇和村落两种聚落形态经历着或是城镇退化为村落的过程，或是村落演变为城镇的过程，还有可能由于自然或人为的作用而衰败，成为遗址或者完全消失。经过数轮城镇与村落相互转化的过程，到近现代时期，逐渐演变成了三种主要的遗存形式：一种是从未被城镇化的村落（或村落遗址）（图2-2中的现状1），另一种是曾经或现在被城镇化的村落（或村落遗址）（图2-2中的现状2），还有一种是城镇（或城镇遗址）（过去可能是村落，也可能是城镇）（图2-2中的现状1、2）。

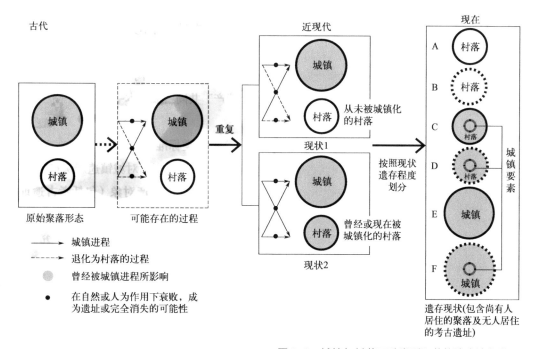

图2-2 城镇与村落两种类型聚落的遗产演化进程

注：图为作者自绘。

将以上三种主要的遗存形式，按照物质遗存保存的完整程度进行梳理，就变成了更为复杂的六种形式（图2-2中的遗存现状 A ~ F）。

A. 物质遗存保存完整，且从未被城镇化的村落整体（或村落遗址）。

B. 物质遗存保存不完整，只剩片段的 A 类遗存。

C. 物质遗存保存完整的村落（或村落遗址），其村落曾经是历史时期的城镇，并且保留了较多较完整的历史上的城镇空间要素或其遗址，如衙署、城隍庙（遗址）等。

D. 物质遗存保存不完整，只剩片段式的 C 类遗存。识别 D 类遗存的方式，主要通过其遗留的城镇空间要素（或其遗址）。

E. 物质遗存保存完整的城镇（或城镇遗址）。

F. 物质遗存保存不完整，只剩片段的 E 类遗存。识别 F 类遗存的方式，主要通过其遗留的城镇空间要素（或其遗址）。

以上几种遗存形式，均包括尚有人居住的聚落形式，或无人居住的考古遗址。

在这几种遗存形式中，A、B 两类不属于城镇遗产，可归入村落遗产的范畴。在剩余的四类遗存中，按照遗产价值的完整性来划分，物质遗存保存完整的 C 类和 E 类就是本书所要界定并研究的"历史城镇"，其遗产作为一个完好的整体存在，具有不可拆分的特点。D 类和 F 类虽然物质遗存保存不完整，但保留了典型的城镇空间要素（或城镇空间要素遗址），这些城镇空间要素可单独成为城镇空间要素遗产。之所以称其为城镇空间要素遗产，是因为这些城镇空间要素遗产不同于一般的建筑遗产或历史遗迹，而是能够证明这里曾经存在过城镇的一些标志性遗存形式，这些物质遗存表明，城镇作为更高级的聚落形态，具有村落所不具有的行政、经济、军事等职能，以及更复杂的物质空间形态。在中国的文化背景下，这些标志性的遗存，通常以府、县衙等衙署机构，文庙、学宫、城隍庙等公共建筑，以及城墙、城门等城防实体（包括遗迹）的方式存在。以上"历史城镇"和"城镇空间要素遗产"共同组成了本书所要研究的"城镇遗产"（图2-3）。

以上对城镇遗产的解读，是本书在参照世界遗产的分类标准的基础上，结合中国的地域和文化背景，作了更细致的分类。这种分类形式，可以弥补目前国内对城镇遗产认知相对狭隘的不足。将位于广大乡村、郊野地区，乃至荒凉的边远地区的遗产对象（包括考古遗址等）纳入城镇遗产的范畴，较大地扩展了城镇遗产的内涵和外延。将国内对城镇遗产的认知与世界遗产语境相对接，便于研究者更好地认知和辨识城镇遗产，以及更全面地阐释其遗产价值。

从图2-3可以看出，保存完整的历史城镇是城镇遗产的主要组成部分。以下是在城镇遗产概念解读的基础上，对其主要组成部分之一历史城镇的进一步概念解读。

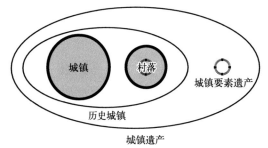

图 2-3　城镇遗产的构成

注：图为作者自绘。

2.1.2 "历史城镇"的概念解读

世界遗产公约操作指南的附件3对历史城镇与城镇中心进行了相对明确的定义，并将其分为三类。

① 无人居住但保留了令人信服的考古证据的城镇。这些城镇一般符合真实性的评价标准且状态易于保留。

② 尚有人居住的历史城镇。这些城镇在社会、经济和文化的变化中不断发展并将持续发展，这种情况致使对它们真实性的评估更加困难，保护政策存在的问题也较多。

③ 20世纪的新城镇。矛盾的是这类城镇与上述两种城镇都有相似之处：一方面它最初的城市组织结构仍清晰可见，其历史真实性不容置疑；另一方面它的未来是不明确的，因为它的发展极其不易控制。

同时，世界遗产公约操作指南中对三类历史城镇和城镇中心的阐释都不同程度地强调了历史城镇作为一个聚落（遗址）单体的整体性和独立性，以及不可拆分性，任何城镇内部的组成部分，都不可脱离城镇整体而独立存在。如考古遗址区强调"作为遗产整体单元申报意义重大"，历史城镇强调"若只是若干孤立和毫无关联的建筑群，无法体现历史城市格局，则不应申报"，20世纪的新城镇则从尺度和规模等不同方面强调了城镇本体及其未来走势的可控性，并鼓励中小型城区优先申报。

按照条文中的相关定义，历史城镇与城镇中心是一个具有广阔时空范畴的概念，其时间跨度涵盖了史前时期、历史时期及近现代时期，遗产本体形成后持续或间断地受到现今城镇化影响的时间进程亦包含在内；其空间范围包括曾经或至今仍具备城镇聚落特征的地区，包括今天的城镇、非城镇，乃至荒野或水下等环境，理论上涵盖了地球表面任何人类曾经踏足过的地方。而城镇化直接影响的地区，如城镇或村落（遗址）尤其受到关注。

（1）"历史城镇"与其他典型世界遗产类别的比较

文化景观、历史城镇、运河遗产和遗产线路是世界遗产公约操作指南为申报不同类别的遗产提供指导而专门定义的特殊遗产类别。除了以上类别之外，世界遗产中还涉及建筑遗产（包括古代建筑、现代建筑、纪念性建筑等）、考古遗址等其他类型的遗产（图2-4）。

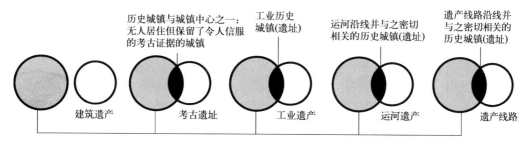

图2-4 历史城镇与相关文化遗产类型的关系

注：图为作者自绘。

实际上，由于历史城镇概念本身的综合性和复杂性，在进行具体的概念界定和遗产本体识别时，这些不同的遗产类型往往不能快速精确地被界定出来。将历史城镇与其他几类典型遗产相比较（表2-1），有助于我们明确不同遗产本体及概念之间的区别与联系，从而更精准地将历史城镇这类遗产的概念内涵与遗产价值提炼出来。

表 2-1　"历史城镇与城镇中心"和相关世界遗产类型的区别与联系

典型遗产种类	遗产大类	遗产属性	概念的整体性（不可拆分性）	遗产对象	时间跨度	涉及空间地域类型	生命机能	职能	规模	概念内涵与价值核心
历史城镇与城镇中心	文化/复合	单个整体/综合体	极强	以高度人工化的物质空间实体为基础	很长（史前时期至20世纪以来的现代时期）	很广（城镇地区、乡村地区、自然环境）	皆可	综合、复杂	相对较大	极高的独立性和整体性（不可拆分性）；时空跨度广；对城镇生命机能的限制相对灵活；自然与人文和谐共生的历史城镇文化景观或复合遗产是未来代表性拓展的方向
建筑遗产	文化	单体/群	弱	人造物质实体	相对较短	较广	有	相对单一	相对较小	人工化的物质遗产，整体性和独立性差（可拆分），时间跨度相对较窄
考古遗址	文化	单体/群/综合体	较强	人造物质实体遗存	很长	很广	无	单一/综合	可大可小	无生命机能的人工化物质遗产
工业遗产	文化	单体/综合体/体系	弱	物质/非物质/人造景观	可长可短	较广	皆可	相对单一	可大可小	以18世纪以来为代表的高度人工化的物质及非物质实体（遗存）或景观，遗产可具有体系性
运河遗产	文化	体系	弱	人造物质实体	可长可短	特定空间	有	单一/综合	可大可小	以运河实体为线索，人工改造的物质世界，具有体系性
遗产线路	文化/自然	体系	较弱	自然/人造	很长	特定空间	有	单一/综合	较大	特定的自然或人为线路，具有体系性

注：表格内容为作者根据世界遗产中心官网上的相关资料，结合自身认识整理而成。

通过以上历史城镇与其他几个典型的世界遗产类型的对比，可以发现，历史城镇具有自己特定的概念内涵和价值核心，分述如下。

① 具有较好的独立性和完整性，以及实体空间的不可拆分性。城镇内部任何组成部分，如建筑群、街区、广场等，若单独列出，都不能成为城镇。

② 时间跨度的广泛性。可以上至史前时期，下至 20 世纪以来的现代时期。其时间不但包含城镇遗产本体的形成时期，也包括城镇形成后变成遗址的过程及之后的时间，以及城镇受到城镇化影响的时间因素。如包含在当今城镇地区的考古遗址区和村落都包含在历史城镇的概念中。

③ 空间范围的广阔性。可以是今天的城镇化地区，也可以是远离城镇化地区的村落或荒野，或者自然环境（如水下遗产）。

④ 其遗存形式可以是成为考古遗址的城镇，也可以是仍有人居住并保持活力的城镇，亦可以是新建的城镇（虽然世界遗产公约操作指南要求延缓这类城镇的申报并对其作出较严格的规定）。

⑤ 高度人工化的物质空间载体，及其所承载的社会生产生活组织方式是历史城镇所依赖的根本。历史城镇可以一定程度上脱离周边自然环境的限制，维系自身的独立运转。但可以很好地反映人地关系的和谐共生的，具备文化景观特征的历史城镇，以及更多反映自然特征的混合遗产的历史城镇，有可能成为未来城镇遗产的代表性重点拓展方向。

（2）国内与历史城镇相关的主要遗产概念

国内与历史城镇相关的遗产概念主要涉及历史文化名城、名镇、名村，以及历史文化街区、历史城区、历史地段、历史文化保护区，与世界遗产体系中的历史城镇与城镇中心的概念基本吻合，仅局部略有细微不同。历史文化名城、名镇、历史城区的概念接近历史城镇与城镇中心中的历史城镇的概念，曾经或至今仍具有城镇聚落特质的历史文化名村亦可列入历史城镇部分，而具备足够规模和复杂社会职能的历史地段和历史文化街区则相当于城镇中心。在概念上，历史地段的空间和时间范围等相对较难把握。

表 2-2 为国内主要名城类法规中的相关概念，可以看出，历史文化名城、名镇、名村及历史文化街区（或历史街区）的概念大同小异，都强调了文物遗存的丰富度，以及传统格局和历史风貌的完整性。历史城区、历史地段和历史文化保护区等概念则因各地规定而略有不同。

以上的不同概念类型，有一些共同之处，均比较强调遗产对象生命机体的活性，要求其有延续至今的聚落人群及其社会运作方式或生活传统，是城市记忆和文脉传承的重要物质空间载体。活态保护、活态传承、活态发展成为此类物质遗产的总体要求。

除了历史文化名城之外，历史文化名镇名村、历史文化街区、历史地段和历史文化保护区，都有明确的规模要求，可见，具有足够规模的遗产用地，能体现历史上传统城镇格局和传统风貌的遗产对象，并体现城市职能的复杂性和所在地区历史影响力的，才能被纳入历史文化名城及相关范畴。

表 2-2　国内主要名城类法规条例中的相关概念

名词	名词定义	申报条件（保护对象）	法规依据	备注
历史文化名城	保存文物特别丰富并且具有重大历史价值或者革命纪念意义的城市，由国务院核定公布为历史文化名城		《中华人民共和国文物保护法》	
	经国务院批准公布的保存文物特别丰富并且具有重大历史价值或者革命纪念意义的城市		《历史文化名城保护规划规范（GB 50357—2005）》	
		历史文化名城、名镇、名村须具备4项条件：1.保存文物特别丰富；2.历史建筑集中成片；3.保留着传统格局和历史风貌；4.历史上曾经作为政治、经济、文化、交通中心或者军事要地，或者发生过重要历史事件，或者其传统产业、历史上建设的重大工程对本地区的发展产生过重要影响，或者能够集中反映本地区建筑的文化特色、民族特色。另：申报历史文化名城的，在所申报的历史文化名城保护范围内还应当有2个以上的历史文化街区	《历史文化名城名镇名村保护条例》	强调名城生命机体的活性
				此条例同样适用于名镇名村
		昆明市历史文化名城保护对象是：1.历史城区、历史文化名镇、历史文化名村、历史村镇、历史文化街区、历史地段、历史建筑、传统风貌建筑；2.体现历史文化名城内涵的山水环境、文化线路、历史环境要素；3.有关法律、法规中确定的其他保护对象	《昆明市历史文化名城保护条例》	
		保护对象之一：脱胎漆器、寿山石雕、软木画、角梳等地方传统手工艺，闽剧、评话、十番音乐等地方传统戏剧、曲艺，闽菜等地方传统饮食文化，以及健康的民俗风情和其他特色文化	《福州市历史文化名城保护条例》（2013）	将非物质文化遗产内容列入保护范畴
历史文化名镇名村	保存文物特别丰富并且具有重大历史价值或者革命纪念意义的城镇、街道、村庄，由省、自治区、直辖市人民政府核定公布为历史文化街区、村镇		《中华人民共和国文物保护法》	
		需满足以下所列诸项条件之一。1.在一定历史时期内对推动全国或某一地区的社会经济发展起过重要作用，具有全国或地区范围的影响；2.镇（村）内历史传统建筑群、建筑物及建筑细部乃至周边环境基本上原貌保存完好；3.现状具有一定规模（镇的总现存历史传统建筑的建筑面积在5000平方米以上，村的现存历史传统建筑的建筑面积在2500平方米以上）	《关于公布中国历史文化名镇（村）（第一批）的通知》（建村[2003]199号）	

名词	名词定义	申报条件（保护对象）	法规依据	备注
历史文化名镇名村	指经省人民政府批准并公布的保存文物古迹较为丰富、具有重要历史文化价值的建制镇和集镇	1. 城镇整体空间环境，包括古城格局、整体风貌、城镇空间环境等；2.历史街区和地下文物埋藏区；3.有历史价值的古文化遗址、古墓葬、古建筑、石窟寺、石刻、近代现代重要史迹和代表性建筑，以及古树名木、水系、村落、地貌遗迹等；4.城镇历史演变、建制沿革以及特有的传统文艺、传统工艺、传统产业及民风民俗等口述及其他非物质文化遗产	《江苏省历史文化名城名镇保护条例》（2010）	
		城镇历史演变、建制沿革以及特有的传统文艺、传统工艺、传统产业及民风民俗等口述及其他非物质文化遗产	《江苏省历史文化名城名镇保护条例》（2001）	将非物质文化遗产内容列入保护范畴
历史文化街区	指经省、自治区、直辖市人民政府核定公布的保存文物特别丰富、历史建筑集中成片、能够较完整和真实地体现传统格局和历史风貌，并具有一定规模的区域	1.保存文物特别丰富；2.历史建筑集中成片；3.能够较完整和真实地体现传统格局和历史风貌；4.具有一定规模	《历史文化名城名镇名村保护条例》	
	指保留有一定数量的不可移动文物、历史建筑、传统风貌建筑以及传统胡同、历史街巷等历史环境要素，能够较完整、真实地体现历史格局和传统风貌，并具有一定规模的区域		《北京历史文化名城保护条例》（2021）	
历史街区	经省、自治区、直辖市人民政府核定公布应予重点保护的历史地段，称为历史文化街区	1.有比较完整的历史风貌；2.构成历史风貌的历史建筑和历史环境要素基本上是历史存留的原物；3.历史文化街区用地面积不小于1公顷；4.历史文化街区内文物古迹和历史建筑的用地面积宜达到保护区内建筑总用地的60%以上	《历史文化名城保护规划规范(GB 50357—2005)》	
	指保存有一定数量和规模的历史遗存，现状格局具有相对典型和完整的历史特色，体现一定时期城市历史风貌的街区		《南宁市历史街区保护管理条例》	
历史城区	城镇中能体现其历史发展过程或某一发展时期风貌的地区。涵盖一般通称的古城区和旧城区。本规范特指历史城区中历史范围清楚、格局和风貌保存较为完整的需要保护控制的地区		《历史文化名城保护规划规范(GB 50357—2005)》	

续表

名词	名词定义	申报条件（保护对象）	法规依据	备注
历史地段	保留遗存较为丰富，能够比较完整、真实地反映一定历史时期传统风貌或民族、地方特色，存有较多文物古迹、近现代史迹和历史建筑，并具有一定规模的地区		《历史文化名城保护规划规范（GB 50357—2005）》	
历史文化保护区	指经省人民政府批准并公布的文物古迹比较集中，能够比较完整地反映一定历史时期的传统风貌和地方、民族特色的街区、建筑群、村落、水系等	省级历史文化保护区，应当同时具备下列条件：1. 文物古迹比较集中，具有一定规模；2. 区域内的建筑等要素能体现一定历史时期的传统风貌，建筑群体具有一定规模，历史建筑基本为原物；3. 具有鲜明的地方、民族特色	《江苏省历史文化名城名镇保护条例》（2001）	
	文物古迹丰富，或能较完整地体现出某一历史时期的传统风貌、民族风格和地方特色的小镇、山水景区、街区、村寨、建筑群		《福州市历史文化名城保护条例》（2013）	

注：资料来源为各级政府官网。

另外，地方性的法规制定了更细致的规定，如将非物质文化内容纳入名城保护的范畴。

就历史城镇类遗产在我国文保单位中的分布而言，主要集中在古建筑、近现代史迹及代表性建筑、古遗址这几类中。由于中国的文物保护体系分类较少，所以每一个门类中的对象比较庞杂。以第7批国家级文物保护单位为例，历史城镇类遗产和一些典型的防御工事（如长城的各个关口），都分布在古建筑里面。

通过将"历史城镇与城镇中心"类遗产与其他几类典型的世界遗产进行比较可以看出，历史城镇及城镇中心，是曾经或至今仍具有城镇特质，并且具有相对独立性的聚落或聚落遗址，或上述单个聚落（遗址）组成的聚落（遗址）群。国内与"历史城镇"有关的概念多集中在仍有人居住的聚落，并在聚落的占地规模，以及历史建筑等遗存的丰富程度等方面做了具体规定。

2.1.3 海防城镇遗产在城镇遗产理论研究中的重要性

在中国的国情条件和文化背景下，海防城镇遗产的遗产类型和遗存形式尤其丰富，可以很好地充实以上有关城镇遗产（包括历史城镇）的概念内涵，丰富其研究对象的实体分类，因此具有比较重要的地位。

首先，我国海防城镇遗产的物质遗存，绝大部分分布在今天的非城镇化地区。如我国明代有近120处海防卫所城镇，其古城遗址、遗迹所在地超过80%分布在今天的小城镇和乡村地区，仅近 20% 的海防历史城镇或城镇元素遗产分布在今天的城市建成区范围内。而民间主修或参筑的海防堡垒，绝大部分仍分布在偏远的郊野和乡村地区，或无人居住的地区，这些城镇遗产的分布大大扩展了国内对城镇遗产的认知范畴。

沿海地区的海防城镇空间要素的物质遗存也比较丰富。较多历史时期的海防城镇由于地处边远的海疆地区，现在仍未受到大规模城镇化的影响，一些典型的城镇空间要素，如城防系统等，都能完整地保存下来。目前漳州地区主要的海防卫所遗存，如镇海卫城、六鳌所城、铜山所城等，均以完整的城防系统为主要遗存形式。

其次，明代海防城镇是明代沿海地区的地方行政城镇之外一类特殊的城镇类型，历史上海防城镇的城镇建置演变过程比较复杂，其中不乏转化为地方行政城镇的例子，如漳州地区的诏安古城就是由海防卫所转变为行政县城的典型例子。其建置的特殊性，给城镇空间演变叠加了多重和复杂的历史信息，也给城镇遗产的物质空间增加了丰富的内涵，大大丰富了人们对城镇遗产的认识。

在中国特色的历史文化环境下，我国的海防遗产中存在大量似是而非的概念，仅明清两代的海防实体概念中，就有卫城、所城、巡检司城、堡城、铳城、枪城（如福建漳州地区的"郑成功枪城"）、炮城、寨城、镇城、营城、汛城等概念，这些规模大小不一、职能属性和物质空间近似而概念不同的"城"，有些属于海防城镇的范畴，有些则不属于。这些丰富的概念，给海防城镇遗产的概念内涵增添了丰富的内容。

最后，我国的海防历史城镇及海防城镇空间要素遗产中，目前较多以遗址的形式存在的。2013 年我国公布的《大遗址保护"十二五"专项规划》中明确，海防遗址是大遗址保护的一个重要组成部分。从国内的历史文化名城名镇名村名录中的遗产项目，以及文保单位中的遗产项目看，确实有较大部分是以城墙、残址等遗址的形式存在。

以上这些丰富的海防城镇遗产，可以在很大程度上改善国内对城镇遗产认知相对狭隘的局面，拓宽国内对城镇遗产界定的时空范畴，丰富城镇遗产的类型和遗存形式。研究中国海防城镇遗产，对于完善中国城镇遗产研究的理论体系，实现与世界遗产研究中城镇遗产概念的对接，乃至丰富世界遗产理论体系都具有较重要的意义。

下文以中外遗产研究中对防御及防御性城镇等概念的认知和研究，来解析海防城镇遗产的概念。

2.2 "海防城镇遗产"概念解读

在对海防城镇遗产的概念进行解读之前，首先需要明确"海防"一词的内涵。相关工具书中对"海防"一词的解释侧重于军事领域内国家战略层面的沿海防御。高新生通过综合、比较以《辞海》为代表的工具书中对"海防"一词的释义，梳理了海防空间范围以及海防任务等方面的变化，分析了中国海防概念的起源和其在不同历史时期概念内涵逐渐扩大的演变过程。他指出，海防概念从上世纪单纯地指军事领域内的行动扩大到非军事领域，并将海防的概念定义为："一国为保卫国家主权、领土完整和安全，捍卫国家管理海域的权力，维护国家合法的海洋权益，防御敌人从海上来的侵略，以及在沿海地区、岛屿、临海、内水、毗连区、专属经济区和整个管理海域乃至部分中、远海所采取的一切措施和行动活动的统称。"

本书对"海防"一词的理解和使用参照此观点，但限定于军事领域内的海防活动，即在国家战略层面以防御海上外敌等为目的的军事活动，而以平定海患或防治其他沿海自然灾害等为目的的"海防"活动不在本书的讨论范围。

按此，对海防城镇遗产的概念可以这样认识：海防城镇遗产是特殊的城镇遗产，是以海防为缘起或专职于海防（历史时期或 / 及现在）的历史城镇及城镇空间要素遗产，是为了保卫国家主权、领土完整和安全，防御敌人从海上来的侵略，而在沿海区域、岛屿等海岸前沿区域所修筑并发展起来的城镇物质遗存。海防城镇遗产以强大的防御功能为特点，通常有较大规模的军队驻守、卫戍。

在城镇职能上，海防城镇必须是以海防活动为缘起，或曾经 / 现在专职于海防的城镇，其他一切职能都只能作为海防职能的附属或辅助作用而存在，具有综合性职能的城镇亦不计入海防城镇的范畴。这就是海防城池区别于普通行政城池的主要特点，也是海防城镇的特征之一。在中国的历史文化背景下，海防城镇后期的发展可能逐渐脱离军事防御的职能，而逐渐转变为具有经济或其他职能的聚落。

2.2.1 国际"海防城镇遗产"概念解读

海防城镇遗产是防御性城镇遗产中的一个分支。英文中有关防御的词语较多，有 fort、fortress、fortification、castle、citadel 等，按其实体规模和职能属性等特点，大致可简单分为两类（表 2-3）：一类是堡垒，具有相对独立的实体和完备的防御工事系统；另一类是防御工事，即城墙、碉堡、掩体等，通常不是独立的防御实体，而是城堡或堡垒的组成部分。

世界遗产项目中有关军事防御的物质实体描述中，fort、fortress、fortification 三个词语出现的频率最高，fort 一词强调炮台、碉堡等战略要塞；而 fortress 的词义范围相对广泛，可指代防御建筑、军队卫戍的军事据点，亦可指代部分战略位置重要、驻军规模足够大的军事城镇；而 fortification 则侧重防御工事，如城墙等。

以上英文词语通常只作为防御构筑物存在，而在世界遗产名录中的相关遗产项目里，与军事防御有关的物质实体通常分为两类。

一类是带有堡垒等防御工事的历史城镇或地区，如卢森堡的老城区及其防御工事（City of Luxembourg: its Old Quarters and Fortifications），加勒的老城及其堡垒（Old Town of Galle and its Fortifications），百慕大群岛上的圣乔治镇及相关的要塞（Historic Town of St George and Related Fortifications, Bermuda），卡塔赫纳的港口、要塞和古迹群（Port, Fortresses and Group of Monuments, Cartagena）。这些历史城镇中所涉及的防御工事，是防御性城镇遗产的重要组成部分。

表 2-3　世界遗产名录中的防御类词汇

防御类型	英文词汇	英文解释	中文释义	特点
堡垒	castle	large fortified building or group of buildings with thick walls, towers, battlements and sometimes a moat	城堡、堡垒	
	citadel	fortress on high ground overlooking and protecting a city	城堡、堡垒	
	stronghold	fort	要塞	
	fastness	a safe place which is hard to reach	要塞、堡垒	
	fort	a strongly made building used for defences at some important place	城堡、堡垒、要塞、碉堡、炮台	带有强烈防御功能的堡垒建筑（群），或者战略要塞场所，一般有军队驻守及外墙防护
	fortress	a place strengthened for defence	要塞、堡垒	相对广泛，可指代防御建筑、军队卫戍的军事据点，亦可指代部分战略位置重要、驻军规模足够大的军事城镇
防御工事	fortification	defensive works	防御工事	具有防御墙体、塔楼或碉堡等防御构筑物的场所，可抵御外来攻击
	bastion	1.part of a fortress that stands out, 2.a fortress or other defense, especially one near an enemy	1.棱堡（要塞之凸出部分），2.堡垒、防御工事	
	blockhouse	a small fort used as a shelter from enemy gunfire or for watching dangerous operations（such as powerful explosions）	碉堡、掩体	
	rampart	defensive wall round a fort, etc, consisting of a wide bank of earth with a path for walking along the top	（城堡等周围宽阔的）防御土墙	

注：表中词源头及解释参见文献。

　　另一类是防御性历史城镇，如历史要塞城市坎佩切（Historic Fortified Town of Campeche）、历史要塞城市哈勒尔（Harar Jugol, the Fortified Historic Town）、历史防御古城卡尔卡松（Historic Fortified City of Carcassonne），亦有一些没有点明是城镇的军事城镇，如卡尔斯克鲁纳军港（Naval Port of Karlskrona）。

　　国际古迹遗址理事会在一份对世界遗产名录进行主题分类的研究报告中，将"军事建筑"（military architecture）作为世界遗产名录中的一个主题类型，涉及防御边界（fortified boundaries）、堡垒建筑（forts，castles，fortified houses）以及防御性城镇（fortified cities）三类，其中防御性城镇 52 项（截至 2004 年），内有 42 项又为世界遗产中心所定义的历史城镇。

在防御性城镇遗产中，位于海滨地带，具有明显的对外防御、海上防御等特点的城镇遗产，即属于海防城镇遗产，如卡尔斯克鲁纳军港。我国的海防城镇遗产又有自己的特点，以下是对国内"海防城镇遗产"的概念解读。

2.2.2　国内"海防城镇遗产"概念解读

按照上文介绍的海防概念，我国海防城镇的建设始于明代并延续至今。明代海防城镇的一大特点是，海防城镇并非一座孤立的城池，而是以城池为中心，以辖属的巡检司、堡、寨、烽堠、舟师为外围辅助防御设施的空间防御系统。本书就明代海防体系中的各种实体遗存，进行了仔细的鉴别和对比（图 2–5、表 2–4）。

相比世界遗产项目中的防御实体，中国明代海防体系中的实体类型更加丰富多样，其中，"城"作为中国古代城池的典型称谓，其种类尤其丰富，如巡检司城、寨城、堡城、关城等，这些似是而非的"城"具有较大的迷惑性，但按照城镇的属性来评定，这些"城"很少作为城镇存在，而仅仅是防御性工事或防御堡垒的代称，因此不属于海防城镇遗产的研究范畴，一些炮台、军港、水师、军工基地等，亦不属于海防城镇的研究范畴。

明代沿海地区的卫所有两种形式，一种是附设于地方行政城镇内的军事机构，另一种是具有独立城池以及军事管理等职能，并缘起或专职于海防的城镇，即本书所界定的海防卫所城镇。明代官方营建的海防卫所城池，其各类遗存形式是明代海防城镇遗产的主要组成部分。需要说明的是，海防卫所中的卫城和千户所城因具有足够的规模和实质上的城镇行政管理和经济职能等属性，属于城镇的范畴。而百户所城通常规模极小，与巡检司城、寨城等防御设施更为接近，因此不属于海防城镇遗产的研究范畴。实际上，明代具有海防性质的独立百户所城，基本没有物质实体遗存至今。今天海滨地区大量存在的是明代的海防卫城和千户所城遗存。

另外，明代沿海地区民间力量大力参与修筑的民间筑堡，其各类遗存形式也是明代海防城镇遗产的主要组成部分。

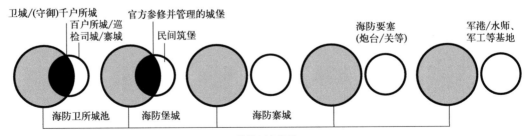

图 2-5　中国明清时期主要海防实体与海防城镇遗产的关系示意图
注：图为作者自绘。

表 2-4　中国明代主要的海防实体类型

海防资源类型		遗产类型	属性	概念的整体性	职能特点	职能类型	时间跨度	空间跨度	规模	遗产特点	概念内涵与价值核心
城	卫城	文化	聚落	强	综合、较复杂	军事、行政、经济等	较窄	较广	大	专属明代的海防历史城镇	具有强烈军事特色的城镇聚落，具有独立的军事行政建置和经济职能
	所城（千户所及以上）	文化	聚落	强	综合、较复杂	军事、行政、经济等	较窄	较广	大	专属明代的海防历史城镇	具有强烈军事特色的城镇聚落，具有独立的军事行政建置和经济职能
	巡检司（城）	文化	军事行政机构驻地	强	单一	军事	较窄	较广	较小	多设在交通要冲或地理位置重要的节点	军事行政单位所在地，不具有聚落的属性
	寨（城）	文化	军事行政机构驻地	强	单一	军事	较广	较广	较小	对地形要求有选择性，防御多借地理条件之利，防御工事退居其次	军事行政单位所在地，不具有聚落的属性
堡	城堡	文化	聚落	强	综合	军事、行政、经济等	较广	较广	可大可小	多有官方参修或管理，以及民间修筑等	具有强烈军事特色的城镇聚落，具有一定程度的地方自治能力和经济职能
	土堡	文化	聚落	强	两项主要功能	居住、防御	较广	较广	较小	多为宗族内聚集而居的聚落	具有强烈防御职能的聚落，一般为聚族而居，以居住职能为主
	楼堡	文化	建筑（群）	弱	两项主要功能	居住、防御	较广	较广	较小	多为家族聚落	具有强烈防御职能的居住建筑群
寨		文化	聚落	强	两项主要功能	居住、防御	较广	较广	较小	对地形有选择性，防御多借地理条件之利，防御工事退居其次。修造人和防御对象多元化	具有强烈防御职能的聚落，一般不具有独立的行政和经济职能
要塞	炮台	文化	防御工事	强	单一	军事	较窄	较窄	可大可小	防御工事的有机组成，对地形有选择性，规模和形制差异较大	防御工事，不具有聚落的性质

海防资源类型	遗产类型	属性	概念的整体性	职能特点	职能类型	时间跨度	空间跨度	规模	遗产特点	概念内涵与价值核心
要塞	关	文化	防御工事	弱	单一	军事	广	较广	小	点状遗产，对地形有选择性，防御多借地理条件之利，防御工事退居其次，多为线性防御工事的有机组成部分	防御工事，不具有聚落的性质
其他	军港	文化	军事驻地	较强	单一	军事	较广	较窄	可大可小	对岸线自然地理要求高	相对单一职能的军事实体，不具有城镇的属性
	水师基地	文化	军事驻地	弱	单一	军事	较广	较窄	较大	对选址有较高要求	相对单一职能的军事实体，不具有城镇的属性
	军工基地	文化	军事驻地	弱	单一	军事	较窄	较窄	较大	对港口等地理依赖性较强	相对单一职能的军事实体，不具有城镇的属性

注：表中内容为作者根据不同的遗产类型信息自行整理而成。

可以看出，海防城镇与其他各类海防实体的区别之处更多地在于城镇聚落与军事设施的不同。明代海防城镇的本质首先是城镇聚落，须具有足够的用地规模，一定数量的人口，以及相对独立的军事管理、行政管理等职能。以漳州地区的赵家堡为例，赵家堡具有典型海防职能，但与海防卫所城镇相比，其不属于海防城镇，而仅仅是具有防御性质的聚落或居住建筑群。

通过对比分析，亦可看出明代海防城镇遗产的一些典型特点。

① 具有足够的用地规模和相对复杂的职能属性，除防御职能之外，明代的海防城镇还具备除居住以外的至少一种职能。

② 海防城镇遗产具备一定程度的行政管理能力，以及在经济上相对自给自足的能力。如明代的军事屯垦制度为明代海防卫所城镇提供了强大的经济支持。同时，在中国的文化背景下，靠移民等手段短期内快速发展起来的海防卫所城镇中，政府强有力的行政干预和财政支持是处于海疆偏远地区海防城镇能够持续发展的重要保障。

③ 在明政府主导下，大量官民共建或民间自筑的海防历史城镇，在地域和文化的多样性和代表性上大大丰富了我国海防城镇遗产的内涵。

综上，通过对各类海防实体的仔细辨别，本书进一步明确了中国明代海防城镇的具体研究对象，即明代官方修筑的海防卫所城镇的各类遗存，以及大量官民共筑或民间自筑的堡垒式城镇遗存。

2.3 本章小结

本章从城镇遗产和村落遗产的关系入手，试图为城镇遗产提供一种在中国的文化背景下较为可行的解读方式，并通过分析认为，城镇遗产包括历史城镇和作为城镇空间要素的遗产这两种基本形式。在此基础上，重点解读了历史城镇和海防城镇遗产等概念的内涵。

最后，通过对比，进一步明确了中国明代海防城镇的具体研究对象，即明代官方修筑的海防卫所城镇的各类遗存，以及大量官民共筑或民间自筑的堡垒式城镇遗存。

第3章　中国明代海防城镇遗产的史地背景与遗产现状

前文对城镇遗产及相关概念的解读，进一步明确了本书的主要研究对象。本章以整个沿海区域为背景，从海防环境、外城形制、海防卫所城镇研究这三个方面，交代了明代海防城镇遗产所处的时代和社会环境，并以今天我国的海岸带市县❶为地域范围，统计分析了明代沿海地区的海防城镇遗产和遗产资源的现状特点。在此基础上，总结并提炼漳州地区海防城镇遗产研究的史地背景和作为案例研究的基础。

3.1　史地背景分析

在展开对漳州地区的海防城镇遗产研究之前，有必要对中国明代沿海地区的史地背景，即自然与人文环境、海防形势与政策、海防军事制度等方面，有一个比较全面的了解。本节选取了三个方面来展开阐述：第一，概述明代沿海地区的区域海防环境，包括海岸线等自然环境的变迁、明代海防的阶段和地域特点等；第二，以明代沿海地区普遍存在的外城形制为视角，从城防的角度来展现明代沿海地区的军事防御活动；第三，对明代海防城镇的主要组成部分——官方修筑的海防卫所城镇的选址、建置、规模、形制等方面进行系统梳理。

3.1.1　中国明代沿海地区的海防环境

明代沿海地区的海防环境，包括自然地理和人文社会等方面。鉴于前人在海防专门史、海防史地研究等领域中对明代海防形势、海防政策等方面的研究较多，且已较为成熟，本节仅从影响明代海防城镇遗产的自然地理环境（以海岸线变迁为主）、明代海防的阶段和地域特点，以及明代海岛地区的行政建置概况三方面来进行概述。

3.1.1.1　海岸线变迁

始终处于动态演变中的海岸线是影响沿海区域社会发展的首要自然因素之一。我国海岸线的变化与河流的来水来沙有密切关系。从宋元到明清时期，海岸线波动剧烈的地区大致在泥质/沙质海岸，如大的河口地区（黄河口、长江口、杭州湾、珠江口等）。不同区域的海岸线在不同时期受到海岸动力（包括河川径流）的影响，形成了丰富的海岸地貌环境。杭州湾以北泥质海岸线的动态变迁尤其显著。辽金以前，辽河海岸推进较慢，之后由于上游开垦，流域来沙渐丰，海岸外涨显著。渤海湾海岸变迁主要受到黄河和滦河的影响，黄河在历史上的数次改道在不同时期形成多处三角洲，使得该区域海岸线历史过程非常复杂。滦河三角洲在19世纪末以前伸展缓慢，清末因上游森林砍伐和草皮破坏，大量泥沙入

---

❶ 此处指含海岸线的县级行政区。详见：中华人民共和国自然资源部.HY/T 094-2022.沿海行政区域分类与代码[S].北京：中国标准出版社，2022：1-24.

海加速推进渤海湾海岸变化。受黄河、长江等河流来沙等因素的影响，江苏大部沿海地区的泥/沙质海岸线处于不同程度的动态波动中，尤以今江苏北部海岸线波动最为剧烈。直到宋代黄河夺淮入海（1128 年）之前，今江苏省北部沿海市县的大部分地区尚未成陆，清代古黄河泥沙入海加剧，加之长江河口三角洲陆地不断增长，海岸线得以迅速东迁，至清光绪时期苏南平原区才得以全部成陆。长江三角洲自六朝后由于上游山区的开发，固体径流增大，海岸淤涨增速，唐宋之际更为迅速。杭州湾海岸受到长江三角洲外伸和外海潮流的影响发生内坍，而且北岸一直缓慢后退，后因建设了坚固的海塘控制了海岸的坍势，并逐年推进了南岸的外涨。海宁海岸线由于迅急的潮流和抗冲力差的沙坎物质，岸线大涨大坍，尤其是 13～18 世纪最为明显。珠江三角洲和其他大河河口一样，在唐代之后伴随着流域开发而迅速增长。

在我国海防遗产体系孕育和发展的关键时期，尤其是明清时期，海岸线的变迁仍主要在今江苏省的沿海地带范围内。几千年来，基岩海岸地区的海岸线波动非常小，海岸侵蚀后退不过几百米，而一系列的堆积地貌也没有改变基岩海岸的基本轮廓，大多是在现有沿海地带辖区范围内的微小变化。因此，今天的沿海地带和历史时期海防城镇的分布具有一定的耦合性，而那些仍延续至今的海防历史城镇也基本全部分布在今沿海地带内。

我国海岸线环境大致以杭州湾为界，北方沿海多泥质海岸，滩缓水浅，南方沿海多石质海岸，港众水深；同时北方沿海以平原区为主，南方沿海则多山地丘陵。按照我国的海岸分类方案来看，我国的基岩港湾海岸主要分布在辽东半岛、山东半岛东南部、浙江镇海角以南至浙闽交界处等区域。我国砂砾质海岸主要分布于辽宁（黄龙尾至盖平角、小凌河口以西）、河北（大清河口以东）、山东（山东半岛莱州湾）、福建（闽江口南）、台湾（西岸）、广东（大亚湾以东、漠阳江口以西）、海南岛沿岸等区域。淤泥质海岸主要分布在辽东湾、渤海湾、苏北、长江口、浙闽港湾和珠江口外等岸段。红树林海岸主要分布在海南和广东，广西和台湾少量分布。珊瑚礁海岸主要分布在南海诸岛、台湾沿岸和两广沿岸。

南北迥异的陆地和岸线自然地质、地貌环境在历史时期不断变化，深刻地影响了沿海地区海防的格局和形势，同时也奠定了海防历史城镇分布和城镇形态等多方面的地理基础。

3.1.1.2 明代海防的阶段和地域特点

明代的海防主要是以防御倭寇为目的而形成的，倭寇对中国沿海的侵扰，始于元至大元年（1308），元末趋于频繁，终明一代而不止。

明代采取睦邻自固的外交战略，以固步自封为基本的海防方针。由于沿海倭情的变化，以及明代各个时期政治、经济、军事状况的不同，明代的海防建设呈现出明显的阶段性：洪武至宣德年间是海防体系的建立和完善阶段，正统至嘉靖中期是海防停滞和废弛阶段，嘉靖末期到万历中期是海防改革和发展阶段，万历末至崇祯年间是海防削弱阶段。明代的海防卫所城镇大部分都在明洪武期间统一修筑，其分布遍及整个海岸线。而明嘉靖中后期的海防改革和发展阶段，亦是明代海防城镇的发展时期，一批官方修筑的海防卫所城镇，以及大量民间参筑或自筑的海防堡垒城镇和海防聚落，在此期间蓬勃发展。

明代海防的重点地区在长江口及以南的东南沿海地带。尤其是浙、闽两省是整个沿海地区卫所分布较为密集的区域，而长江口以北的沿海地带则相对较少，且主要在山东半岛和河北北部。同时，明嘉靖前后，浙、闽两省由于倭情较为严重，修筑防御性聚落或建筑群成为两地民间的普遍选择，因而大量的民间海防堡垒城镇和海防聚落也主要分布在浙江南部和福建地区。

可以看出，明代海防的典型阶段和区域特点，较大地影响了明代海防城镇遗产的时空分布和遗产特点。

3.1.1.3　明清海岛地区的行政建置概况

海岛地区是明清两代海防的前沿和重点区域，但从两朝对海岛地区的经略来看，并不尽如人意。本节以我国海岛地区的行政建置演变来说明历史时期海岛地区的经略概况。

除海南岛地区外，截至2022年底，我国海岛县共计14个 ❶（表3-1）。可以看出，历史时期我国对海岛地区的经略是从元代以后，尤其是清末以后，在外来威胁的背景下才对局部海岛地区的行政管辖有所加强，是属于被动行政建置行为。一些地区自新中国成立以来乃至20世纪60年代以后才逐步设立。这14个海岛行政建置在历史时期也多有不同程度的中断，尤其是清代以来因海防战略地位重要而得以首设或提升的行政建置，在民国以来并没有得到很好的发展和延续。

一些建置极早的地区，如浙江舟山地区，唐开元二十六年（738）首置县。宋端拱间置盐场，熙宁间置尉，主斗讼之事，既而创县。元至元十五年（1278），因海道险要，升县为州，以重其任。可见宋元之际舟山地区在开发地方资源和海防战略方面的地位都得到重视和提升。而在明代的消极防御海防指导思想下，出现了地方行政建置取消、迁民于内地的现象，"洪武十九年（1386），信国公汤和经略海上，因岛民争利，自相仇杀，倭寇乘机窜扰，岁为边患，乃遣其民尽入内地，而岱山"遂为瓯脱，故终明之世无事迹可稽"。至此定海县建置中断，直至清康熙二十七年（1688），改旧定海为镇海，而舟山重建县治，曰"定海"，于是海岛之民渐次还定安集。至道光二十一年（1841），升县为（直隶）厅。

---

❶ 根据中国人民共和国海洋行业标准 HY/T 094—2022《岛屿行政区域分类与代码》，全国海岛县共计11个，分别为：长海县、崇明区、洞头区、定海区、普陀区、岱山县、嵊泗县、玉环市、平潭县、思明区、湖里区、金门县、东山县、南澳县。

表 3-1 我国海岛上的县级行政建置沿革概况

所属省市		县区名	首设建置时间/年	建置开始稳定时间/年	建置中断情况			郡级建置情况	建置变迁背景
					频次	时长/年	建置中断时长与总建置时长比/%		
辽宁大连市		长海县	1949	1949					
上海市		崇明区	1277（元）	1277（元）				崇明州（1277—1369）	地方经济（盐务）发展
浙江	舟山市	定海区	738（唐）	1688（清）	2	347	51.56%	昌国州（1278—1369）/定海直隶厅（1841—1912）	因海防战略地位重要而升县为州
		普陀区	1953	1962	1	5	8.93%		
		嵊泗县	1949	1962	2	8	13.56%		
		岱山县	1953	1962	1	5	8.93%		
	台州市	玉环市	1728（清）	1962	1	231	81.91%		海防形势需求
	温州市	洞头区	1953	1964	1	5	9.26%		
福建	福州市	平潭县	1798（清）	1978					
	漳州市	东山县	1916	1916					海防形势需求
	厦门市	思明区	1655（清）	1686（清）	1	27	7.67%	思明州（1655—1680）	地方政权割据
		湖里区	1987	1987					
		金门县	1914	1955	1	23	28.40%		
广东	汕头市	南澳县	1732（清）	1959	1	220	80.29%	南澳直隶厅（1732—1912）	海防形势需求

注：表中数据为作者根据表中各县、区的方志资料中相关记载统计而成。

不仅海岛地区如此，半岛及大陆部分亦不例外。如浙江象山县境内的南田厅，明海禁政策下为"封禁之地"，直至光绪元年（1875）才开禁，宣统元年（1909）置抚民厅。清初的海禁政策使广东惠来县"割沿海田庐、原隰而弃之，迁居民于内地三十里"[1]。这些行政建置的撤销或中断极大影响了我国对海岛地区的经略。

---

[1] 张珩美（纂修）.（雍正）惠来县志 [M]. 清雍正九年（1731）刻本.

历史上海岛地区的行政建置一直非常薄弱，印证了明清两代对海岛地区相对消极的海防政策，这也显著影响了我国海岛地区城镇遗产的分布。清末之前我国海岛地区的城镇建置以海防卫所城镇为主，而保留较完整的海防城镇遗存者仅漳州地区的铜山所城。因此海岛型城镇遗产，具有较重要的遗产价值。

3.1.2　中国明代沿海地区的外城形制

在明代特定的海防形势下，倭寇入侵的范围不仅局限于海岸线周边的海防卫所等城镇，内地一些经济发达、物产富饶的府、州、县等，往往也是倭寇重点劫掠的对象。因此，不仅在海岸线地区，整个沿海地区在明代普遍掀起了加固城防的高潮。已有学者以沿海局部府、州、县为例来阐述这种状况。本节试图以整个沿海地区为背景，通过沿海地区在明代大量出现的外城形制，来反映明代沿海地区的区域海防环境和社会背景。

在多重因素的影响下，明代沿海地区地方行政城市与海防卫所等军事城市筑城活动高涨，并出现了一种较为普遍的筑城形制，即在原有的城墙之外加修一重外城，本书称其为"外城形制"。

3.1.2.1　筑城形制的影响因素

终明一代，海防问题是明代沿海地区城防的主要矛盾，倭寇是明代沿海地区的最主要祸患，倭患最严重时期出现了"盗贼蜂起""寇一日三薄城，守吏震惊"[1]的情况。自洪武始沿海即纷纷筑城以防倭，而嘉靖期间甚至出现"倭虏报警，天下郡县皆筑城"[2]的筑城高潮。局部沿海地区的倭患远早于明代，如揭阳县从元至正十二年（1352）至清顺治九年（1652）间，不断遭遇沿海倭寇及闽、粤地方流寇劫掠地方，见于史载的较大寇乱不下 8 次。

东南沿海的浙、闽、粤地区是遭受倭患最严重的区域。"工役屡动，大振，皆因寇而始筑，因寇而始修"[3]，是彼时这些地区城墙运动的真实写照。

明代以来的沿海地区，尤其是东南沿海的丘陵地区，城防对象的构成较为复杂。山寇海倭是其主要组成，时有"山寇海倭充斥"，"不筑外城，何以保障"[4]的感慨。来自日本的海上倭寇又是重中之重，如广东地区，"广东十府列城五十余所，皆控海道以备倭夷，其备猺獞者仅十之一耳"[5]。另外，明代海寇亦有少量来自西洋诸国，如新会县曾遭"西

---

❶　于卜熊（修），史本（纂）.（乾隆）海丰县志 [M].清乾隆十五年（1750）海丰县署刻本.
❷　黄廷金（修）.浚兰，熊松之等（纂）.（同治）瑞州府志 [M]// 中国方志丛书.台北：成文出版社，1983.
❸　乔有豫（修），雷可升，伍嘉猷（纂）.（道光）清流县志 [M]// 福建师范大学图书馆藏稀见方志丛刊.北京：北京图书馆出版社，2008.
❹　阮元（监修），陈昌齐，刘彬华，江藩，潘兰生等（总纂）.（道光）广东通志·卷二百四十七 [DB/OL]// 中国基本古籍库.
❺　温恭（修），吴兰修（纂）.（道光）封川县志 [M]// 中国方志丛书.台北：成文出版社，1974.

寇焚掠郭外居民"❶，海澄县有"红夷警至"❷。丘陵地区多山寇为患，如武平所城因"山寇窃发"❸而筑外城。地方"流贼"、"盗寇"乃至部分兵乱也是各地加固城防的主要原因，如龙川县筑城"非以防盗，即以防兵"❹，南雄州因"流贼啸聚"而增筑外城。此外，明代沿海地区的城防对象还有一些来自边地，如雷州府城曾遭"广西猺贼"威胁，英德县以"边寇"为患等。大部分城防对象往往并不单一，而是由两种或多种构成。如新会县的城防对象有山寇、海倭、西寇等，封川县有海倭、西贼、猺贼和怀贺贼等，尤溪县有乡寇、沙寇、汀寇等。

随着沿海地理区位的不同和不同时期海防形势的变化，城防对象的主体构成也发生转变。濒海前沿地区以防海倭为主，防地方寇乱为辅；而相对靠近内陆地区则以防边寇、地方流寇等为主，以防海倭为辅，如广州府城以防海倭为主，以防地方流寇如"柘林叛卒""白石贼党"❺等为辅。明代以防海倭为主的城池，清代可能转变为防地方寇乱的城池。如濒海前沿的海岛城池铜山所城，明清两代先后两次加筑外城的起因完全不同：明代以防倭为主，而清代则以防御"义兴会"等地方组织为主。

据明代沿海的海防策略，"御海贼宜于外，而外则宜守不宜战"❻，即针对海上来犯，需以固海岸、守城防为上策。而对于内地"流贼"，因其"短于战而长于剽窃"，于是"守土之吏始筑城开渠"以固防御❶。也就是说，沿海内外，针对不同的城防对象，均普遍以保守的固城防方式为首要防御手段。因原城不堪抵御，加筑外城则成为沿海地区的普遍诉求，有"濒海一带，无垣壁可恃，思患预防，城守为重，外城不可不筑"之叹❻。

此外，以下亦为重要的其他因素。

（1）军事地理区位重要

濒海前沿的海岛、半岛地区，江河入海的河口地区，以及重要的陆上门户和沿海屏障往往是军事防御的重点区域，因此有加筑外城的必要。海岛城池如铜山所城，其所在的东山岛"东望澎湖，南滨大海，西接诏安、南澳、北蔽云霄、漳浦，当闽省之交冲，为内地之屏障……实海上重镇"❻，历来为兵家所争。半岛内城池如雷州府城，"雷城三面距海，海寇为患，虽盛世不免，国朝垂二百年幸无事，然洲岛中多奸宄伏匿，脱有不备，则乘风潮大舶突然

❶ 林星章（修）.黄培芳，曾钊（纂）.（道光）新会县志·卷三 [M]// 日本藏中国罕见地方志丛刊.北京：书目文献出版社，1992.
❷ 陈锳，王作霖（修）.叶廷推，邓来祚（纂）.（乾隆）海澄县志·卷二[M]// 中国方志丛书.台北：成文出版社，1968.
❸ 曾曰瑛，王锡绂等（修）.李绂，熊为霖（纂）.（乾隆）汀州府志 [M]// 中国方志丛书.台北：成文出版社，1967.
❹ 胡璎（修）.勒殷山（纂）.（嘉庆）龙川县志 [M].清嘉庆二十三年（1818）广州心简斋刻本.
❺ 戴肇辰，苏佩训（修）.史澄，李光廷（纂）.（光绪）广州府志·卷六十四 [M].清光绪五年（1879）刊本.
❻ 李猷明（总纂）.东山县志民国稿本 [M].东山：福建东山县印刷厂，1987.

而至，莫之能御"。河口重点防御区如广州府城，"广城东南滨海，黄木之湾，扶胥之口，接于海门，通及岛夷，海孽一作，巨舰扬帆，直指会城"❶。陆上门户如云霄镇城，"云霄上蔽全漳，下疏百粤，贼犯诏、浦，必先由铜山入据云霄，以截我师之援"❷。再如澄海县，"东南近海，西北平洋扼要，似在海港汛寇，而腹地稍轻，然聊掎角之势，成金汤之卫，必居中乃可以制外焉"❸。又如余姚县，"余姚不完，则上虞、山阴不足白，而土崩之势成矣。若益城，江南岂惟姚民，将全浙实屏蔽之"❹。

沿海且沿边地区亦成为防御重点。我国北部沿海地区易受到海倭与北方游牧民族的双重威胁。典型的如辽阳县、广宁县等，又如蒙阴县，其地处紫荆关以南，明万历之后"无额设防御"，城池直接暴露在海上和关外外敌之前，因此明末清初成为地方寇乱持续繁盛的区域，明正德六年（1511），崇祯十四至十六年（1641—1643），顺治四年（1647）连续遭地方盗贼攻击，直至清顺治八年（1651）"明季贼孽始尽"。最严重的是崇祯十六年（1643），"李青山、朱连党余党复起啸聚，劫掠无虞日，……群盗飚发如沧浪，……计杀掠无箅，邑社丘墟"❺。

较多城池在全国或区域等不同范围内具有重要的军事地理区位。如济南府城，天下有事，攻守必先；金华府城，"据浙上游，当三郡咽衿之地"；南雄州，"地当庾岭要口，为南北襟喉"❻；封川县，扼西寇往来必繇之路；龙川县，当水陆之交，即他地方有事，皆为警备；等等。

（2）城池周边地势险要

部分城池为利用其周边险要的地势，或为弥补原有城池因自然地势而产生的防御缺陷而加固外城。局部外城中的C类（见表3-2、表3-4）皆属此。如潮州府城的西北方位紧邻湖山，"登巅俯瞰全城，如在膝下，……湖山之背，俱系平坡、高埠据之，则易于守御，弃之则难于防范"，因此湖山"当西北险临，有辅车之势"，因原来围绕湖山的腰城"低薄不足以资捍御"❻，为免落于敌手，则有在此巩固外城防的必要。尤溪县城则是为了弥补原城防的不足，弘治四年（1491）原城始筑时"蝮鸷巧渔利其高大，而因以牟利，致斯城广泛迁卑，西北一带陡仄难守，嘉靖二年，汀寇破城，竟以此故"❼。类似的实例还有乐清县，原城修筑时，其

❶ 欧阳保等（纂）.（万历）雷州府志 [M]// 日本藏中国罕见地方志丛刊.北京：书目文献出版社，1990.
❷ 薛凝度（修）.吴文林等（纂）.（嘉庆）云霄县志 [M]// 中国方志丛书.台北，成文出版社，1983.
❸ 李书吉，王恺（修）.蔡继绅等（纂）.（嘉庆）澄海县志 [M]// 中国方志丛书.台北：成文出版社，1983.
❹ 萧良干（修），张元忭，孙矿（纂）.（万历）绍兴府志 [M]// 中国方志丛书.台北：成文出版社，1983.
❺ 刘德芳（纂修）.（康熙）蒙阴县志.民国晒印本.
❻ 阮元（监修）.陈昌齐，刘彬华，江藩，谢兰生等（总纂）.（道光）广东通志·卷一百二十六 [DB/OL]// 中国基本古籍库，2007.
❼ 卢兴邦，马传经（修）.洪清芳（总纂）.（民国）尤溪县志·卷三 [M]// 中国地方志集成·福建府县志辑.上海：上海书店出版社，2000.

西北方位因牵扯民居而遭遇反对，后"乃即山址，撕其土围之"，因而此处城防薄弱，又因其"山高城低，下瞰若平地"，因此嘉靖三十七年（1558）时"倭连岁至，凭高几入"，最终"撤民居而城之"[1]。

原城外围的交通要道等重点部位，易于匪徒混迹出没，亦有加筑外城的必要，如铜山所外城。

（3）原城外部空间扩张

原城经济、社会生活空间的不断扩张，导致城区空间范围逐渐跨出原城边界，扩展到了城外区域。这是加筑外城的重要其他原因之一。

城区扩展的方向通常位于城市对外的水陆交通线上，有利于商业活动的展开和商贾富户的集聚。而这样交通便利、物质财富集中的区域往往易受寇匪窥伺，因此有将其纳入城池防御体系的必要。如广州府城，"（原）城以外，民廛稠聚，海舶鳞凑，富商异货咸萃于斯，群贼每窥伺垂涎，迄年如黄许诸贼屯据海口，去会城尚远，而群情汹汹，内外戒严，外城不可不筑"[2]。

城池较周边郊野具有较强的防御能力，易吸引周边人口以避乱为由向此集聚，加剧了城区的扩张，导致原城无法满足城防需求。如雷州府城，"彼中地虽孤绝，然多沃壤。城东良田弥数千顷，居人在村落者稍苦盗贼，俱徙丽郡郭而处，以故城南人不啻高宗纲密联络，烟火如云，斯亦一方之雄也"。该区域在嘉靖四十四年（1565）确实遭遇了山、海寇突至南城外的倭患，成为加筑外城的导火索。又如封川县城，"西贼屡至，居民避地，城不能容"，乃筑外城。余姚县城的原城（北城）城外区域发展繁荣，大有与原城并重乃至超越的趋势，"测其生齿，江以南（即外城）得三之二焉，学宫、仓廪咸于是乎在"[3]，因在江以南筑新城为南城，形成南北并立格局。类似实例还有临清州城等。

清代城池空间持续扩展，使得此类因素在清代沿海局部地区亦有发生，如天津原城在清末"半已残缺……所有富商大贾百货居集均在城外，防守甚难"[4]，因筑外城。

3.1.2.2　明代以来沿海地区的外城形式与特征

（1）沿海地区外城修筑概况

明代以来沿海地区外城的数量，及地域分布和筑城时间的密集程度，反映了此区域中外

[1] 李登云，钱宝镕（修）.陈坤等（纂）.（光绪）乐清县志 [M]// 中国方志丛书.台北：成文出版社，1983.

[2] 戴肇辰，苏佩训（修）.史澄，李光廷（纂）.（光绪）广州府志·卷六十四 [M].清光绪五年（1879）刊本.

[3] 萧良干（修）.张元忭，孙矿（纂）.（万历）绍兴府志 [M]// 中国方志丛书.台北：成文出版社，1983.

[4] 天津市地方志编修委员会办公室，天津市规划局.天津通志·规划志 [M].天津：天津科学技术出版社，2009.

城形制的集中性和普遍性。

从外城数量看，因方志文献的数量浩瀚，无法一一统计，本书以中国基本古籍库中的史地库及四库全书为例，来统计明代以来具有明确外城记载（非传统意义罗城）的地方城池，其数量以沿海地区最多。其分布遍及南北沿海不同行省，南至海南地区，北至辽宁地区，整个大陆及海岛海岸线沿线皆有分布，俨然沿海地区呈普遍分布态势。

图 3-1 明清时期广东地区含外城形制的地方城池分布

注：据《广东历史地图精粹》为底图自绘

沿海各行省中外城形式较多且相对密集的区域为广东地区。图 3-1 为明代以来广东地区（含今海南地区和广西局部）含外城形制的地方城池分布图。

从目前搜集到的具有外城形制的典型地方城池实例来看，其最初的加筑时间基本集中在明代，尤其是正德、嘉靖时期（1506—1566），即明代沿海地区倭患最严重时期。清代局部地区亦延续其加筑外城的做法，如潮州府城等（表 3-2）。

这些典型实例中外城的名称、规模、修筑材料等各具特色。首先，这些外城的名称多样，若论及与原有城墙（"原城"，下同）的相对关系，则有内城与外城，老（旧）城与新城（如龙川县城、广州府城、连州城、临清州城、武平所城）、大城与小（子）城（如琼州府城），南城与北城（如余姚县城、辽阳县城）等称；亦有称子城与罗城者（如临清州城），但其实质与传统的子城与罗城完全不同。若论外城的单独称谓，则有子城（如封川县城、新会县城、韶州府城、）、小城、新城（如龙川县城）、关城（厢）（如广宁县城）等；或称濠墙（因外城建于城濠外）、墙子或外廊（如天津府城），及边墙（如临清州城）等；或取专有名称如高丽城（辽阳县城）、玉带城（临清州城）等。

外城的规模亦多依据与原城的空间连接关系而定。因外城形式多元，其规模与原城规模无必然联系，且无定数，不同地区和行政等级的城池外城规模差距也极大，多依据各地的具体财政和军事等状况而定，有与原城一式相同者，如潮州城、韶州府城等，亦有比原城简陋者（表 3-3）。

（2）外城形式的分类及特色

按照明代以来沿海地区加筑的外城与原城的空间关系，可以分为局部外城式、重点加固式、并列双城式、内外双城式、南北双城式、双核双城式、多重综合式等几种典型类型。

050

表3-2 沿海地区县级及以上城池的外城修筑情况统计表

类型名称	行政等级	所在地区	城池名称	外城修筑时间			外城加筑背景		筑城主材	
				外城始筑时间		后期增/改筑时间	加筑缘起	城防对象	原城	外城
				时期	年份					
局部外城式	府级	广东	广州府城	明	嘉靖四十二年（1563）	清顺治四年（1647）	ABD	ad	砖	砖
			雷州府城	明	嘉靖十一年（1532）		ABD	cd	砖石	先土后砖石
			琼州府城	明	洪武十七年（1384）		A	a	砖石	先土后砖石
			潮州城	清	康熙十七年（1678）		AC	ad	先土后砖石	先土后砖石
			连州城	明	洪武二十八年（1395）	天顺年间加土为城，崇祯年间重加培筑；康熙十四年（1675）易以砖石；雍正十年（1732）重筑	AB	d	先土后砖石	先土后砖石
			南雄州城	明	成化五年（1469）	成化十二年（1476）筑石堤，正德三年（1508）整土城以砖，正德九年（1514）增女墙六尺，外城始备	AB	d	砖	先为土城、木栅栏、石堤，后为砖城
		山东	济南府城	明	洪武四年（1371）		AB	ad	砖	砖
	县级	广东	新会县城	明	天顺六年（1462）	万历元年（1573）	AD	abd	先土后砖	先土城加竹篱，后砖城
			龙川县城	明	弘治十八年（1505）		A	ad	砖	砖
			封川县城	明	天顺二年（1458）	成化五年（1469）加固修葺，弘治十七年（1504）建外城四门，崇祯十四年（1641）始筑正式外城	ABD	abcd	先土后砖	先环栅并植刺竹，后砖城

类型名称	行政等级	所在地区	城池名称	外城修筑时间			外城加筑背景		筑城主材	
				外城始筑时间		后期增改筑时间	加筑缘起	城防对象	原城	外城
				时期	年份					
局部外城式	县级	福建	尤溪县城	明	嘉靖六年(1527)		AC	ad	砖	砖
	县级	浙江	乐清县城	明	嘉靖三十七年(1558)		AC	a	先木栅，后半石墙半木栅，再后为砖石	砖石
	县级	山东	蒙阴县城	明	崇祯五年(1632)	崇祯五年(1632)修葺	AB	d	石	石
	县级	辽宁	辽阳县城	明	洪武十二年(1379)		AB	ac	砖	先土后砖
	县级	辽宁	广宁县城	明	正德年间(1506—1521)		AB	ac	砖	砖
	卫所	福建	武平所城	明	嘉靖十九年(1540)		A	ad	先土后砖	砖
	卫所	福建	磐钟所城	明	嘉靖年间(1522—1566)		A	a	石	石
	府级	天津	天津府城	清	咸丰十年(1860)	光绪六年(1880)重修	AD	b	砖石	土
	县级	广东	海丰县城	明	嘉靖三十七年(1558)		A	ad	先土后砖石	土
内外双城式	县级	福建	云霄县城	清	顺治十七年(1660)		AB	ad	砖石	土
	县级	山东	莘县城	明	正德七年(1512)	崇祯五年(1632)重修	A	ad	砖石	砖石
	卫所	福建	铜山所城	明	嘉靖年间(1522—1566)	清咸丰四年(1854)增筑 民国二十五年(1936)重修	ABD	a	石	土
并列双堡式	府级	山东	临清州城	明	正德六年(1511)	嘉靖二十一年(1542)改砖城	AD	ad	砖	先土后砖

类型名称	行政等级	所在地区	城池名称	外城修筑时间			外城加筑背景		筑城主材	
				时期	年份	后期增/改筑时间	加筑缘起	城防对象	原城	外城
南北双城式	府级	广东	韶州府城	清	乾隆十六年(1751)	乾隆十年(1745)、乾隆十三年(1748)、乾隆十九年(1814)屡经修葺	A	ad	砖	不详
	县级	福建	清流县城	明	不详		A	ad	砖石	砖石
		浙江	余姚县城	明	嘉靖三十六年(1557)		ABD	a	砖石	砖石
双核双城式	县级	福建	海澄县城	明	嘉靖三十六年(1557)		AB	ad	主城先土后砖，铺城为土城	土
			诏安县城(南诏所)	明	嘉靖四十二年(1563)		AB	ad	石	土
重点加固式	府级	浙江	金华府城	明	不详		AB	ad	砖石	砖石
其他	县级	广东	英德县城	明	天顺七年(1463)		A	cd	不详	不详
		山东	新城县城	明	正德六年(1511)	万历七年(1579)撤土而砖	A	ad	砖	先土后砖

注：
1. 表中字母ABCD代表筑城背景因素：A为防御外敌，B为军事地理区位重要，C为城池周边地势险要，D为原城外部空间扩张。其中A为主因，BCD为辅因。abcd代表防御对象：a为海上倭寇（日本），b为西方外寇，c为边寇，d为地方流寇。
2. 表中数据源自各地方志等文献，已在正文中以尾注标明，此略，下同。
3. 表格中的政区划分依据地方志成书时的明清时代。

表3-3　沿海地区部分外城城墙规模示例

地区	城池名称	原有城墙	外城墙
广东	广州府城	21里32步	1124丈
	雷州府城	5里300步	484丈
	琼州府城		312丈
	连州城		573丈
	南雄州城	727丈	1131丈7尺
	新会县城		960丈
	龙川县城		100余丈
福建	清流县城	440丈	420丈
	武平所城		425丈
浙江	余姚县城		1440丈
天津	天津府城		6500丈（约36里）
辽宁	广宁县城	10里280步	3里220步

注：表中信息为作者根据各地的方志史料相关记载整理而成，详情见正文相关内容。

① 局部外城式。局部外城式的共同特点是针对原城易受侵袭的某一个或两个方位进行局部加固。此类外城形式在沿海地区最为普遍，其分布特点亦相对明显。首先，广东地区的局部外城式相对其他沿海地区更为集中，广东地区内的府城较多为局部外城式。此外，府级城池的筑城方式也影响到周边县城的筑城方式，如新会县城明显受到广州府城的影响，"粤东城之大者，自省会外，潮郡为大，次则新会，……内外城共十一门，其街巷名目亦多仿照省城"❶。

此类外城与原城的具体空间关系，又可详细分为典型的四类（表3-4）。

加筑外城的部位，通常是易受外敌侵袭的地方，一般位于江河沿线、道路交通节点等军事防御要地。如广州府城南临珠江，海上来寇易从此方位入侵，货物商船也多在此聚集，同时又是城市居住空间扩展的方向，因此城南区是局部防御的重点，成为明代外城选址所在地。其外城"自西南角楼，以及五羊驿，环绕东南角楼"，是对整个城池南向方位的全面加固，清顺治四年（1647）更在外城之外再加筑东西二翼城直至河旁（表3-4　A类），加强东、西两方位的临河辅助城防能力，以有效抵御自海上沿河口溯流而上之敌。类似实例还有雷州府城等。原城周边的山岭或低丘部位容易成为城防弱点，也是修筑外城的必选地点（表3-4　A类）。

---

❶ 林星章（修）.黄培芳，曾钊（纂）.（道光）新会县志·卷三[M]// 日本藏中国罕见地方志丛刊 北京：书目文献出版社，1992.

表 3-4　局部外城式的城池示例

类别	特点	空间关系示意	典型实例	典型实例图
A类	与原有城池某一方位完全接合	外城	广州府城、雷州府城、封川县城（后期）、辽阳县城、广宁县城、武平所城	广州府城　雷州府城　封川县城(早期)　辽阳县城　广宁县城　武平所城
B类	在原有城池某一方位内局部接合	外城	琼州府城、龙川县城	琼州府城　龙川县城
C类	在原有城池某两方位交界处局部接合	外城	潮州府城、尤溪县城、乐清县城	潮州府城　尤溪县城　乐清县城
D类	在原有异形城池的基础上半包围合	外城	连州城、南雄州城、新会县城、封川县城（早期）、悬钟所城	连州城　南雄州城　新会县城　封川县城(早期)

注：表中信息为作者根据各地的方志史料相关记载整理而成，详情见正文相关内容。图为作者根据方志史料中的古图描摹而成，部分图为作者自绘。

局部外城式选址并不拘泥于原城的南北方位，而是根据实际地形或城防需求而定，如琼州府城、武平所城的外城皆在东西方位（表3-4　A类）。外城样式不局限于平直城墙，亦多弧形或异形。外城也非仅有一门，有形制完备者如琼州府城，其西、南、北三面分辟三门，上各建敌楼。

外城形式不仅在沿海地方府县城池较为常见，在明代东南地区的海防卫所城池中也有出现，最典型的如漳州府境内，其先后设立的独立的城池卫所（1卫4所）中，铜山、悬钟、南诏3处所城均筑有外城。因史料记载较少的限制，目前悬钟所城的外城形式是从始于2007年的第三次全国文物普查工作完成的诏安县文物普查资料中记录的"悬钟所外城墙"，加之原城周边的山形地势推断而来（图3-2）。其外城形式应与漳州境内的同类卫所类似。

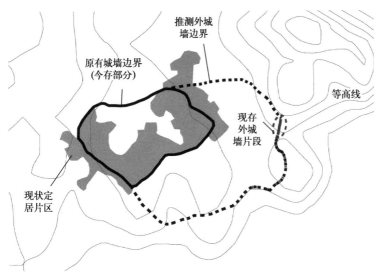

图3-2　悬钟所城、外城遗迹及其外城推测复原示意
注：图为作者以悬钟城址的谷歌航拍图为底图自绘而成。

②重点加固式。此类外城式亦是针对原城外围的局部加固，与局部外城式不同的是其防御目标和外城规模等有所不同：局部外城针对的是原城外围某一两个方位的大范围全面防御，而重点加固式则一般针对的是城门等重点防御部位的加固，但其规模和规格非常规瓮城（月城）可比，因此将其界定为外城而非瓮城。典型实例如"两浙城池，惟婺为首称"的金华府城（图3-3），其迎恩、旌孝二门为"重关复郭"式，即在城门等重点防御部位设两重关城，并设断郭数十丈于原城之外，故"视他城门为尤固"，后又以此断郭为基础"添设八咏门外城，庶彼此坚完，不虞有备"。类似实例还有海澄县城，其城门处为月城二重。

③并列双城式。较局部外城式而言，并列双城式的特点在于外城具有与原城同等乃至更为重要的地位。内外并列式的例子较少，典型的如临清州城，其外城为"跨河为城，自城之乾方至

巽方，缘边墙拓而广之，延袤二十里，跨汶、卫二水"❶（图 3-4）。

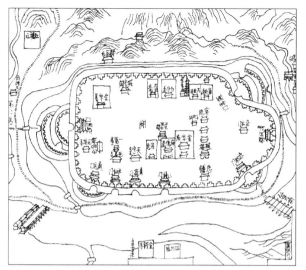

图 3-3 金华府城图
注：图为作者根据相关方志中的古图描摹而成。

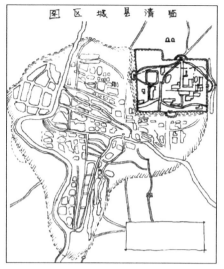

图 3-4 临清州城图
注：图为作者根据相关方志中的古图描摹而成。

④ 内外双城式。内外双城式为对原城的全方位加固，典型实例有莘县城、云霄镇城、海丰县城（图 3-5）、揭阳县城等。其特征是在原有城池的基础上在外围再加筑一重外城，对原有城池形成完全包围之势，且通常此外城为全闭合式的。不仅如此，此类城池中还不乏双城双濠格局，典型的如莘县城，"于内旧城外复筑其城，外城之下复凿其池"，这样的双城双濠格局确实是"一邑之关防，四方通衢之伟观也"❷。同为双城双濠格局的还有揭阳县城，但揭阳县城的内外城池形制更加复杂，详见下文。

莘县城

云霄镇城

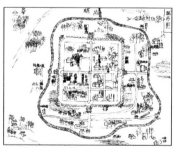

海丰县城

图 3-5 内外双城式实例图
注：图为作者根据相关方志中的古图描摹而成。

❶ 徐子尚，张树梅，张自清，王贵笙等（纂修）.（民国）临清县志 [M]// 中国方志丛书.台北：成文出版社，1983.

❷ 王琛（督修）.吴宗器，蒋梅，王宦等（纂）.（正德）莘县志 [M].天一阁藏明代方志选刊.上海：上海古籍书店.

某些城池限于财力等原因，外城形制无力等齐于原城，便产生了形式简陋的"腰城"形式，如云霄镇城。根据漳州地区的城池、楼堡的地方建造传统来看，这个腰城应由三合土加工夯筑而成，高度低于原城，类似土墙或土塘。与此类似的还有海丰县城，其外城仅高7尺（约2m）。

此类外城中，还有一种非常特殊的形式，即在形式上与局部外城式近似，但借助周围天然地理环境，外城起到的实质防御效果等同于内外双城式，典型实例如铜山所城。据当地史料载，铜山所城于明嘉靖年间（1522—1566）及清咸丰四年（1854）先后两次修筑外城，明代所筑外城起于原城西门，至于南门，与原城相接；而清代外城则是横亘于明代外城城墙更外围的西南方向交通要道上的孤立线状城墙，与原城不连接（图3-6）。但从所城的周边地势及海岸线环境来看，清代外城扼所城外围西南咽喉，其余部分则"环海为濠"。海岸线、原城西部的低丘共同形成天然屏障，与外城一道围合成了封闭的外围防御圈，使外城的实际防御范围远超越了其本体界限。与同一时间内修筑的天津府城外城名副其实的外城形式有异曲同工之妙。

⑤ 南北双城式。南北双城式中外城与原城的空间关系与并列双城式类似。所不同的是，南北双城式的原城与外城在方位上属于典型的南北关系，但多江河等天然阻隔导致其南北分列、界限分明，典型例子如韶州府城、清流县城、余姚县城等（图3-7）。韶州府城以线状城墙分隔南北城；清流县的沿河城池与山城两部分分列南北，两者规模也相近（分别为440丈及420丈）；余姚县城的南北两城隔江对立，江中以桥通两城为一。

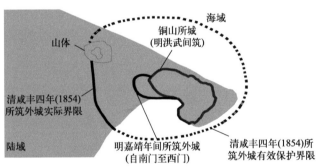 

图3-6 铜山所外城（左）与天津府外城（右）示意图

注：左图为作者根据铜山所城址的谷歌航拍图自绘而成，右图为作者根据相关方志中的古图描摹而成。

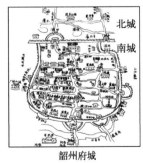  

韶州府城　　　　　　清流县城　　　　　　余姚县城

图3-7 韶州府城、清流县城、余姚县城图

注：图为作者根据相关方志中的古图描摹而成。

⑥ 双核双城式。双核双城式的典型特征是原城外不但有两重乃至多重城墙，原城呈现非单一城池的形态，而且是双城并存。典型实例如海澄县城（图3-8）、诏安县城等。海澄县城初修时在原有三个民筑（九都堡、港口堡、草坂堡）基础上择其二（港口堡、草坂堡）为之，其中一个作为县城主城，另一作为附属亦列于内城。两城之间以关城城墙（东关）相连通。此外，城外沿溪亦垣以灰土，作为外城。外城之外又有两重溪水环绕，溪水外围靠近城门等重点部位设置类似瓮城的关隘。其海岸部位亦有综合性的防御体系，详见下文。

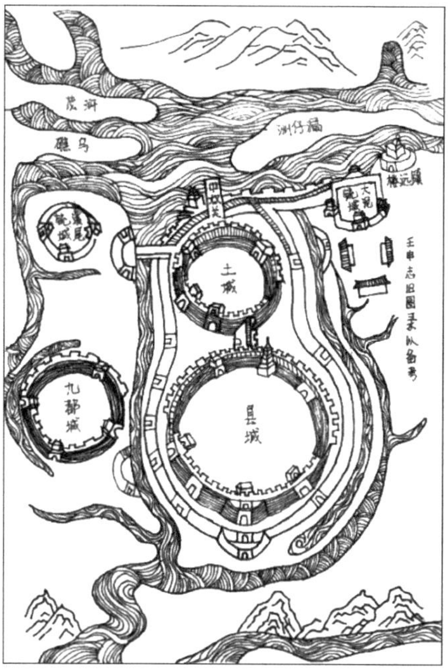

诏安县城与海澄县城的地缘关系亲近，其内修筑材料、外城形制等与海澄县有较多共同之处，然其复杂性和综合性则不及。

图3-8　海澄县城图
注：图为作者根据相关方志中的古图描摹而成。

除以上几类典型的外城形式外，因文献记载失详，一些城池的外城特征并不清晰，但筑有外城则是毫无疑问的，如英德县城、新城县城等。

⑦ 多重综合式。实际上，很多沿海地方城池外围不仅仅是单一的外城墙，而是具有两种或多种形式的外城墙实体，乃至在外城墙的基础上，发展了城濠（或干濠）、土墉（围）等，楼、炮、塔、寨、铳城等多种类型的辅助防御工事，以及栅栏、刺竹、树木等防御工具，共同组成了以外城墙为主体的综合式外围城防体系。

线性防御设施多借助天然河流为外屏，或开挖城濠（或干濠），天然河流与人工干濠往往同时使用，如云霄镇城"东南浚河，西北倚山者，天堑之"❶。土墙短墉者如天津府城的外城（挖土为濠，垒土为墙）、新城县城的外城（缭以短墉，树以榆柳）。海丰县城则在城外筑土围，土围外浚沟，同时于东北隅砌石障，溪水使入沟；又于东南隅作一斗门，障沟水，使溢而后流。

外城外围往往零星分布兵营或堡垒，以辅助主城防御。防御实体有寨城、炮城、铳城等，如乐清县城周翼以四寨，潮州府城在外城两侧西、北方位建筑敌台，安设炮位，以辅翼腰城等。

多层次、多进深的综合性外围防御体系中较典型的有新会县城，其外城外围凿重濠，濠外又筑竹基，基外为重堑（图3-9），这些设施谓之"辅城"。原城及外城合计周长1688

❶　薛凝度（修）．吴文林（纂）．（嘉庆）云霄县志[M]// 中国方志丛书．台北：成文出版社，1983.

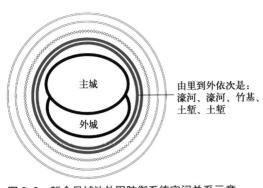

由里到外依次是：
濠河、濠河、竹基、
土堑、土堑

图3-9 新会县城池外围防御系统空间关系示意
注：图为作者根据相关方志中的记载自绘而成。

丈，而这些辅助城防设施围合后，其最外围的重堑周长已达3168丈。假设为同心圆，则其防御纵深内外距离差近800m。

采用渐进式整体加固的综合性外城防御体系实例莫若揭阳县城，其城从元至正十二年（1352）至明末崇祯五年（1632）的近三百年间，在双城双濠的格局上，更是在不同时期逐步或分别以增筑栅栏、腰城、月城、铳城等形式来加强城池的外围防御（表3-5）。

表3-5　揭阳县城不同时期的城池外围防御系统形式示意

形式（由内而外）					
	内城/内濠/外城/外濠	内城/内濠/外城/竹（木）栅/外濠	内城/内濠/内腰城/外城/外濠/外腰城	内城/内濠/外城/月城/外濠	内城/内濠/外城/月城/外濠/铳柜
时期	至正十二年（1352），筑内（石）外（土）双城，城下各浚濠	天顺四年（1460），用石扩筑内外城，城外濠内设竹（木）栅	嘉靖七年（1528），各筑内外腰城百余丈	嘉靖三十四年（1555），饬筑四门月城	崇祯二年（1629）、崇祯五年（1632），分别筑铳柜11座和2座于城下各要处

注：表中图为作者根据相关方志中的记载自绘而成。

城池外围防御体系的综合性之集大成者，在县级城池中莫若海澄县城。除上文所述外，海澄县城东北面海，最易受敌，因此沿江入海口的海岸线上布置了复杂的防御系统。北部整个沿海岸线设腰城为岸上防御线，中部以羊城来加强局部防御。城池东北、西北方位分设"大泥铳城"和"港尾铳城"为辅助堡垒。东北方位靠海口处还设有

"镇远楼"作为瞭望预警设施。总之，海澄县城从其原城的双核系统，到外城综合防御体系，再到海岸沿线的综合防御体系，完成了贯穿整个县城周边及海岸的大纵深防御布局。

3.1.2.3 明代以来沿海城防体系的演进和后效

（1）城防体系的演进

明代沿海地区的外城很多并非一次成形，而是随着沿海城防形势的变化经历了一个形制逐渐完备的过程。筑城主材由粗至精，部分外城规模由小到大扩展，城池体系逐渐由孤立、零散向联合、规整发展。

从表3-2可见，沿海地区较多外城及原城都经历了由纯夯土、木栅、竹基等简单的城墙形式向砖、石城墙这类坚固精细的城墙形式发展的过程。如连州外城经历了始筑土城（1395）、加土重筑（1628—1644）、易以砖石（1675）、城基扩展（1732）的过程，规制逐渐完备。又如潮州府城的外城，早期原城外西北只设腰城，与原城中隔城濠；后腰城崩塌，清初就原腰城旧址增筑城墙，直跨城濠，连原城为一体。

封川县城外城的演进过程较为典型：天顺二年（1458）开始修筑外城，仅缭以木栅再植刺竹（图3-10左），直至成化五年（1469）重新加固原城时"城外仍缭以栅"，弘治十七年（1504）在原来木栅外城基础上于城门等重点防御部位用砖加固东、西、南城门，规制加备，万历二年（1574）因怀集、贺州贺贼入侵而致木栅损坏，崇祯十四年（1641），用砖重新筑子城（即外城），外城规制逐渐完备（图3-10中、右）。

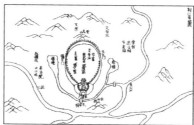

图3-10 （左、中、右）封川县外城演进过程示意
注：图为作者根据相关方志中的古图描摹而成。

部分城池受到外城规模、地方财力或城周自然环境的限制，外城无法一次筑就。如南雄州城，早期成化年间（1465—1487）由东北段的土城、西南段的石堤城（原城外河决后修筑），及沿河木栅共计三段组成（图3-11左），直至正德九年（1514）后外城的三段才逐渐更替为砖石，并连接为一体，与主城环合（图3-11右）。

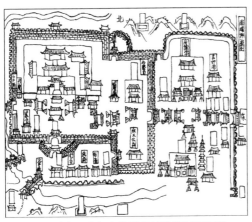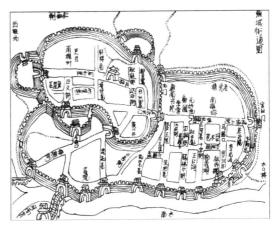

图3-11 （左、右）南雄州外城演进过程示意

注：图为作者根据相关方志中的古图描摹而成。

不仅外城在不断完善，沿海城池的原城与外城经历了同样的演进完善过程，如雷州府城在元代始筑时仅"设立栅门，筑羊马墙"。明洪武七年（1374）"展旧址，加之高大"，城墙亦改为"垒石砌砖"；嘉靖十一年（1532）于城外开浚濠堑，外环筑土墙；直至嘉靖四十四年（1565）开始正式重筑外围土城，并以砖石灰料兴工修筑[1]。又如云霄镇城，正德年间（1506—1521）初议筑城时因"功力浩大，不果"，改以乡民"自设城堑，为捍御计"，不久损毁；嘉靖五年（1526）"址累层石，末甃以砖"；隆庆六年（1572）将原城"增卑为高，更于南北西三门各筑瓮城，为周楼其上，穴其下垣，通矢石，为战守备，甚具"；顺治十七年（1660），方"调九县丁夫"大兴修筑，并"外筑腰城"[2]，城防体系始完备。

城池周边的外围防御体系也在逐步完善。如海澄县城，先是天启二年（1622）于大泥海岸营筑土垣，置铳（城）及警息（镇远楼）；天启七年（1627）于多处沿海码头增砌石垣；崇祯元年（1628）于大泥天妃宫处垒石炮垣，筑铳城，并沿江垒土为垣，于每丈设一炮口；崇祯二年（1629）再筑炮城，并将沿江土垣易以石；等等。这些措施，都是对海岸线防御系统的不断加固和完善，以提高海上来寇时城池外围的防御能力。

（2）外城防御的后效

明代以来沿海地区大量修筑的外城在海防时期确实起到了较好的防御效果，如连州城，"流贼至，不能入，州民赖之"[3]；新会县城，"卒莫敢犯"[4]，尤溪县城，"寇至不能逼，……

❶ 欧阳保等（纂）.（万历）雷州府志 [M]// 日本藏中国罕见地方志丛刊. 北京：书目文献出版社，1992.
❷ 薛凝度（修）.吴文林（纂）.（嘉庆）云霄县志 [M]// 中国方志丛书. 台北：成文出版社，1983.
❸ 袁泳锡，觉罗祥瑞（修）单兴诗（纂）.（同治）连州志 [M]. 清同治十年（1871）连州州署刻本.
❹ 林星章（修）.黄培芳，曾钊（纂）.（道光）新会县志·卷三 [M]// 日本藏中国罕见地方志丛刊. 北京：书目文献出版社，1992.

邑人赖之"❶。英德县城，因"时值寇盗猖獗，荼毒黎元，居民咸趋归之，存活甚多"❷，而加筑外城以扩大防御效果。外城的修筑也更好地促进了外城区城市生活的集聚和繁荣，如临清州，"中洲一带，街衢通达，灯火万家，蔚然为全市繁盛中心"❸。

兴建仓促等导致某些外城规制不全，防御效果不甚理想，如南雄州城，"斗城（即子城）尚矣，顾城（即罗城）虽痹，犹可坚守，新城（即外城）上无楼橹，霾潦易倾，外无池隍，冲援可及，且南面滨河，木栅难固，百夫啸聚，与无城同，可不慎哉"。随着清代城市生活的发展，城池外围的防御体系也在一定程度上造成了城区居民交通出行等日常生活的不便，如清流县城自嘉庆五年（1800）洪灾后城墙倾塌，此后"三十年来，城厢无内外之界，晨昏驰启闭之司，熙攘来往，民诚便矣。然目前之所甚便，窃恐异日有大不便者也"❹。

究其原因，明代以来沿海地区的大量外城加筑活动与明代沿海地区特定的海防形势和城防需求息息相关，也必然会随着地区防御形势的缓和或转变而趋于衰弱。较多外城存在时间很短，随明清朝代更迭及各地战乱而很快消亡。东南沿海的诏安县城、云霄县城、海澄县城，北方沿海的莘县城、蒙阴县城、辽阳县城等都毁于明末清初。清末仿明所筑的外城如铜山所外城、天津府外城等，存在时间亦较短。部分财政困难地区因无力维系繁重的外城修筑经费及劳役而致其颓废，如新城县城"因荒歉频仍，不胜力役修筑之功，有志未逮"，因而"整堵垣以固封守，当视民力而图兴举矣"❺。

归根结底，这些外城起到的多是辅助加固城防的作用，无法取代原有城墙的作用。清代大部分沿海城池都恢复至单一城墙的常规形制，当然亦有个别例外，如山东临清州城。

3.1.2.4 明代以来沿海外城形制的地位与作用

明代是全国范围内筑城形制大发展时期，不仅在沿海地区，而且在内陆地区，尤其是沿边区域的地方府、县级城池中，也出现了一些加筑外城的实例。亦因限于文献浩瀚，本书以基本古籍库、四库全书为范围，并参考部分今人成果，举内陆部分外城实例以示意（表3-6）。从中可见，内陆的外城数量和区域密集程度远低于沿海地区，因其总数较少，修筑时间难见趋势。

❶ 卢兴邦，马传经（修）.洪清芳等（纂）.（民国）尤溪县志·卷三[M]//中国地方志集成·福建府县志辑.上海：上海书店出版社，2000.

❷ 林述训，额哲克（修）.单兴诗，欧樾华（纂）.（同治）韶州府志[M]//中国方志丛书.台北：成文出版社，1983.

❸ 徐子尚，张树梅，张自清，王贵笙等（纂修）.（民国）临清县志[M]//中国方志丛书.台北：成文出版社，1983.

❹ 乔有豫（修）.雷可升，伍嘉猷（纂）.（道光）清流县志[M]//福建师范大学图书馆藏稀见方志丛刊.北京：北京图书馆出版社，2008.

❺ 崔懋（修）.严濂曾（纂）.（康熙）新城县志[M]//中国方志丛书.台北：成文出版社，1983.

表3-6　内地部分城池的外城修筑时间示例

外城式样	城池行政等级	地区	城市名称	外城始建时期		外城重修时间	筑城背景		城池材料	
				时代	时间		筑城缘起	城防对象	原城	外城
局部外城式	县级	山西	榆次县城	明	嘉靖二十一年（1542）		去边塞不远，易遭寇袭。嘉靖年间（1522—1566）俺答至城下，大掠十日，关民数千家半被焚戮	边寇	先土后砖石	先土后砖
			临汾县城	明	正德七年（1512）	1913年，城东濠内修东西隔墙，南北各一道，与关城接连	不详	不详	砖	砖
		陕西	白水县城	明	嘉靖三十二年（1553）	隆庆二年（1568）重修，砌以砖	潼关外地，临近沿边，明清屡遭寇侵。嘉靖三十二年（1553）寇陷中部，将逼绝境，始筑外城	地方流寇、北房、闯贼等	先土后砖	先土后砖
		重庆	开县城	清	嘉庆二年至嘉庆三年（1797—1798）	嘉庆十三年（1808）将易土城以石	明正德七年（1512），蓝鄢贼猖獗，至城下，围四昼夜。清嘉庆年间（1797—1798），匪犯境，城狭小，居民避难，蜂集，城狭不能容	地方匪寇	先土后石	先土后砖石
并列双城式	县级	陕西	中部县城	明	崇祯四年（1631）		崇祯年间（1628—1644）寇屡陷城	地方流寇、闯贼	砖	砖

注：图为作者根据相关方志中的记载整理而成。

　　从筑城背景看，明代以来内陆外城的修筑缘起多为防范地方盗寇的侵袭，而边防重地则为满足对外军事防御的现实需求，如密云县城，"以弹丸地，城营林立，雄视上都五州十八县，莫与京焉"；又如榆次县城，"去边塞不远，关城与县城连，若关城破，县城不能独存"[1]。但从总体看，外城的修筑时间和地域特点不如沿海地区集中且鲜明。

　　按照上文标准，内陆的外城式样远不如沿海地区丰富。在外城与原城关系上，内陆外城与沿海地区存在类似之处，亦有不同。此外，内陆一些城池如江西地区的瑞州府城、陕西地区的中部县城，虽形式相似，但实际上并不属于严格意义上的外城范畴，与沿海地区有本质区别。

---

❶　俞世铨，陶良骏（修）．王平格，王序宾（纂）．（同治）榆次县志 [M]．清同治二年（1863）榆次县署刻本．

内地的外城实例中亦以局部外城式居多。同为 C 类的白水县城与沿海地区的乐清县城（图 3-12），同为 D 类的开县城与沿海地区的新会县城（图 3-13），在外城修筑缘起与形制上都极为相似。这也说明，以军事防御为目标的外城加筑手段在各地是通用的，如将城外山形地势纳入城防范围的外城做法（C 类）在今湖北地区的黄州城亦出现，督造者因"齐安城外磨旗山，虏至可瞰城中，请筑外城以环之"❶。

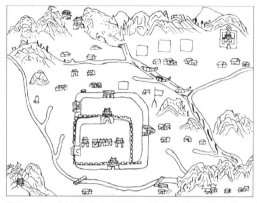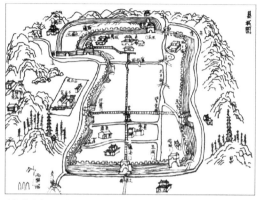

图 3-12　内地的白水县城图（左）与沿海地区的乐清县城（右）对比示意
注：图为作者根据相关方志中的古图描摹而成。

图 3-13　内地的开县城（左）与沿海地区的新会县城（右）对比示意
注：图为作者根据相关方志中的古图描摹而成。

内陆的局部外城式中有一个沿海地区并不普遍的特征，即外城通常是以独立且闭合城墙的关城形式存在，此在山西地区的榆次、祁县、临汾等地存在较多。临汾县城的城关在后期的发展中逐渐与原城相连（图 3-14）。此与沿海地区的潮州府外城演进过程类似，但潮州府城的修筑是出于典型的军事目的，临汾县城的建立则是以经济原因为主导。

内陆的瑞州府城与沿海地区的余姚县城形式极为类似（图 3-15），同为南北两城跨江分立，

❶　陈道（修）.黄仲昭（纂）.（弘治）八闽通志·卷十七 [DB/OL]// 中国基本古籍库.

中间通过桥梁连接，但其实质根本不同。首先，从其筑城背景看，余姚县城的南北城是典型的因抗倭而筑的外城，而瑞州府城的南北城形式则早在明之前（最早可能追溯至唐）即存在，明代所见的南北城乃因正德五年（1510）华林盗起而重筑。其次，当时的余姚县城为主要的城市生活区，而瑞州府之南城从其城池地位、规制等方面均不可与北城相比，明之前规制狭小，且无城垣可守，明代重筑府城时，因北城为衙署仓储重地，仅将北城易以砖石，南城则"浸久浸颓"；清代被"洪水冲绝，渐至倾圮过半"；后遂废弃不用，"惟断续基址焉"❶。

沿边地区的密云县城与临清州城亦形式极为类似，但其实质不同。临清州外城与原城在城市职能和属性上有明显不同，原城为行政中心，外城则为主要的城市生活区，两者在行政上为主从关系。密云县城则不同，其城"首县治地，次丞尉分驻地，重官守也；次旗营，次柳林营，次练军营，重统帅也；次三路分驻，重边防也"。由此可见密云县城在明代担任了行政、军事（边防）等多项职能，"以位则统帅为尊，以职则官守为重，则县治以及丞尉驻在地皆主位也"，这种行政、军事职能并重的关系，导致了城池空间的两城并列，各司行政、军事职能，同等重要（图 3-16）。密云县城的区位对其影响较之临清州城更深远，除导致东西两城政、军对立的格局外，因密云地处京畿周边，其筑城形制受到了明清都城的影响，"新城与旧城相错，稍偏北，包旧城东面，略如京都内外城之制"❷。

内地的中部县城，因其地势北部高旷空阔，西南临水低洼，内外两城高下分列，界限分明，类似并列外城式，但其实质与沿海地区的并列外城式仍有不同。其下城与上城并非单纯的原城与外城关系，而是明崇祯年间（1628—1644）相继遭地方"流贼"及"闯贼"陷城后，其县治被迫从旧城（下城）迁移至新城（上城），即上下两城都曾作为独立的中部县城存在，后因"东北高，乏水泉，居民不便，以故空阔辽远，数陷寇，辄自上城"❸，遂将县治回迁至下城，而以上城为外郭。中部县城的上下城界定为新城与旧城的关系较宜。

 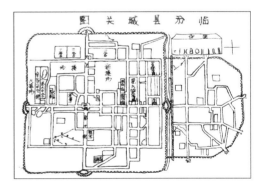

图 3-14　清代（左）与民国时期（右）的临汾县城
注：图为作者根据相关方志中的古图描摹而成。

❶　黄廷金（修）．波兰，熊相文等（纂）．（同治）瑞州府志 [M]// 中国方志丛书．台北：成文出版社，1989.
❷　臧理臣，朱颐等（修）．（民国）密云县志 [M]// 中国方志丛书．台北：成文出版社，1983.
❸　丁瀚等（修）．张永清等（纂）（嘉庆）中部县志 [M]// 中国方志丛书．台北：成文出版社，1983.

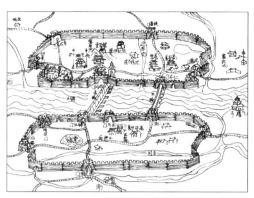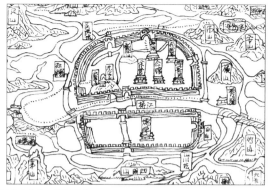

图 3-15 内地的瑞州府城（左）与沿海地区的余姚县城（右）对比示意

注：图为作者根据相关方志中的古图描摹而成。

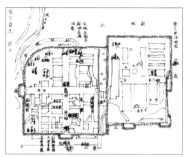

图 3-16 内地的密云县城（左）、中部县城（中）与沿海地区的临清州城（右）对比示意

注：图为作者根据相关方志中的古图描摹而成。

　　综上，明代以来沿海地区大量出现的外城形制是彼时特定的时空背景导致的。受明代以来沿海地区以倭患为主、地方寇乱为辅的城防矛盾的影响，加筑外城成为沿海地区较为普遍的筑城活动，并以外城墙为基础，发展出形式灵活多样、具有综合性的外城防御体系。

　　以上是明代以来的地方城池在外城形式上的典型发展轨迹，与都城体系中的子城与罗城制度不同。尤其在地方县级城池这一行政级别上，多样化的外城形制打破了原有的县级城池单一城墙的常规格局，成为明代以来地方筑城活动的突破和革新。

　　这些外城形式在数量、地域分布和修筑时间上的密集程度大大高于内陆，种类也较内陆更多样；其外城修筑背景较之内陆同类城池更加鲜明。因此，沿海地区成为明代以来地方筑城形制大发展的重要区域。此为中国明代海防城镇遗产所孕育、发展的典型区域社会环境。

3.1.3　中国明代海防卫所城镇研究

　　前文第 2 章已经指出，明代海防卫所城镇，是明代官方修筑的具有独立城池的海防城镇，也是明代海防城镇遗产的重要组成部分。明代的沿海地区自洪武初人规模集中修建卫所后又陆续增修，出现了大量专职于海防的卫所城池。参照《郑开阳杂著》中关于明代海防的文字记载，及有关古图描述，明代专职于海防的独立卫所城池有 116 座❶。本书在此单辟一节，对明代的海防卫所城镇进行择址、建置、规模、形制等方面的专题讨论，以期对明代海防城镇遗产的特点有更深入、全面的了解。

3.1.3.1 明代海防卫所城镇的择址

（1）海防卫所城镇的选址

① 海防卫所城镇选址的海防区位条件。明初在沿海选址建立卫所时，十分注重海防军事区位的选择，如"国初，于海岛便近去处，俱设卫所堡寨，以控御之，至为精密"，又如"今督抚修复旧制，凡海中诸山，沿海险隘，建官屯守，分船巡哨"❷。某些卫所为了取得更便利的海防区位，一定程度上牺牲了卫所的城周环境，导致卫所频繁迁址。

史料中对各地海防卫所区位重要性的描述无疑是最好注解（表 3-7）。从这些描述中可以看出，河口、半岛、海岛、港口，以及各沿海防区交界等部位往往是重点选址区域。长江口与钱塘江口等大河河口地区，倭寇易于登陆并沿江河进入内地，相较于沿海其他区域，防守又最为险要，而河口前段又为重中之重，如长江口的吴淞所城，"其入海之口为海道咽喉，三吴门户，故特置所城于此"❸。长江口、钱塘江口的卫所也较为密集。图 3-17 为明代松江地区及辖属各卫所的防守险要图。

表 3-7　《读史方舆纪要》中关于海防卫所区位重要性的描述

区域	卫所名称	海防卫所区位重要性的描述	区位类型
辽东	复州卫	卫山海环峙，川原沃衍，亦辽左之奥区也	半岛－辽东半岛
	海州卫	卫襟带辽阳，羽翼广宁，控东西之孔道，当海运之咽喉，辽左重地也	
	盖州卫	卫控扼海岛，翼带镇城，井邑骈列，称为殷阜论者，以为辽东根柢	
上海	青村所	府境三面环海，金山当其南，南汇当其北，而青村为东南二面转屈之会，与海中羊山东西相值，倭船易于登犯。嘉靖三十三年，倭寇据为巢穴，大为府境之患	河口－长江口
	金山卫	为府境东南之险，当浙直要冲，且与宁波定海关同为钱塘江锁钥，北之沙堡至此而尽，南之山屿至此而终，置兵于此，不惟固苏淞之藩篱，亦坚嘉、湖、杭三郡之门户	
浙江	澉浦所	山湾潮峻，为南面之冲	
	乍浦所	东援金山，西卫海盐，内捍平湖，浙西之门户也	

---

❶ 辽东地区的部分卫所兼具海防和陆防的特点。本书中的海防卫所，按照郑氏的记载，去掉了长城沿线的个别卫所，如山海卫。

❷ 王鸣鹤（辑）.登坛必究·卷十 [DB/OL] // 中国基本古籍库.

❸ 郑若曾（编）.江南经略·吴淞所险要说 [DB/OL] // 中国基本古籍库.

区域	卫所名称	海防卫所区位重要性的描述	区位类型
浙江	三江所	下为三江城河,各县粮运往来之道也。所东为三江场,东南即宋家溇,防维最切	河口－钱塘江口
	龙山所	为贼艘往来必由之道,又临、观二卫之门户也	
	临山卫	东接三山,西抵沥港。……卫北有临山港,切近卫城,直冲大海,海口曰乌盆隘、化龙隘,为汛守要地,卫东又有泗门港,……卫境之关要也	
	穿山后所	东临黄碕港……最为要地	港口
	大嵩所	所东援霩衢,南连钱仓,其东南为大嵩港,对峙韭山,直冲大海。嘉靖中倭船往往由此犯所城。所东即慈岙山,亦是时贼冲突处也	
	石浦前所	前临石浦关口,切近坛头、韭山,乃倭出没咽喉要路,翼蔽昌国,此为门户	半岛
	石浦后所	宁郡之冲以石浦、昌国为最。寇自南来,必由三门、林门……四路而来,自东来,必由牛栏、基洞、下门而入,备御切矣	
	钱仓所	乃昌之藩篱,与大嵩相为掎角者也	
	昌国卫	城控临海洋,屹为保障	
	爵溪所	孤悬海口,直冲韭山,东逼大海,西并钱仓,南以游仙寨为外户,北以象山县为喉舌,亦称要地	
	桃渚所	所东有桃渚港,外接大海,北达健跳	港口
	新河所	所东南即新河港,港口浅狭,贼往往由此登陆来犯,所东有藤岭及横山诸处,俱为戍守要地	
	海门前所	与卫城仅隔一水,利害相共,所东北有连盘港,港深而长,背山面水,健跳、桃渚二港会于此处,倭寇每恃为巢穴	河口－椒江河口
	海门卫	卫为浙东门户,三面阻水,倭易登泊,……盖水陆俱切也	
福建	平海卫	卫扼海上冲,……与日本、琉球相望,乃府之藩屏喉舌也	其他
	莆禧所	西南有文甲澳,又有嵌头、青山诸港口,皆为滨海要地	港口
	福全所	所西南接深沪巡司,与围头峰上诸处并为番舶停留避风之门户,哨守最切	
	金门所	所东有官澳巡司,相近又有料罗、乌沙诸处,皆番舶入犯之径,其控扼要害,则在官澳、金门	海岛－金门岛
	悬钟所	贼自粤趋闽,则南澳、云盖寺、走马溪乃其始发之地。哨守最切者,铜山、悬钟二水寨而已……嘉靖中最为贼冲	防区交界－闽粤交界处
	六鳌所	商船渔舟皆经此城,……自广入海,船舰必经之道也	半岛
	高浦所	所西有松屿,与海澄县之月港相接,为滨海要冲	海岛临近
广东	海朗所	城据海朗山上,因名。下临海,亦曰镇海山,与双鱼所并为海防襟要	其他

注:表中信息为作者根据相关方志中的记载整理而成。

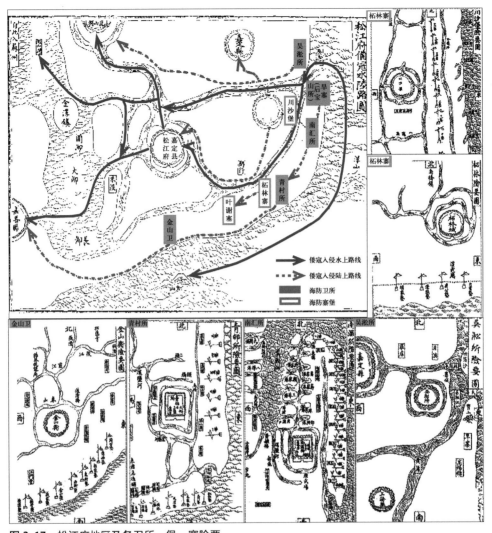

图 3-17 松江府地区及各卫所、堡、寨险要

注：图为作者以《江南经略》卷四所载古图及史料信息自绘而成。

卫所之外，较多巡检司也设立在海防要冲，如威远城所在招宝山"雄踞海口，与竹山对峙，为江海之咽喉，郡治之门户，诚保障要害处也"❶。

②海防卫所城镇选址的局部地理环境。海防卫所的选址对城周的局部自然地理环境也有要求，如山地丘陵地区多为四面阻山，或多面负山、一面阻海（表 3-8）。

笔者对史料中有详细记载的城周局部地理环境描述进行了简单统计（表 3-9），从表中可看出，在局部地理环境中城址往往选择在河口和海岸的岸线上，若城址位于平原地区，则通常城周水网发达，便于舟师快速出击。不管是山地或是平原河口地区，卫所城池对山体的依赖性都比较强，可以借助地利来加固城防，也便于设置瞭望台等设施。

---

❶ 李卫，嵇曾筠等（监修）.沈翼机，傅王露等（编纂）.（雍正）浙江通志·卷二十三 [DB/OL] // 中国基本古籍库.

表 3-8　典型卫、所城池环境示例

类型	例子	例图示意
四面阻山	隘顽所	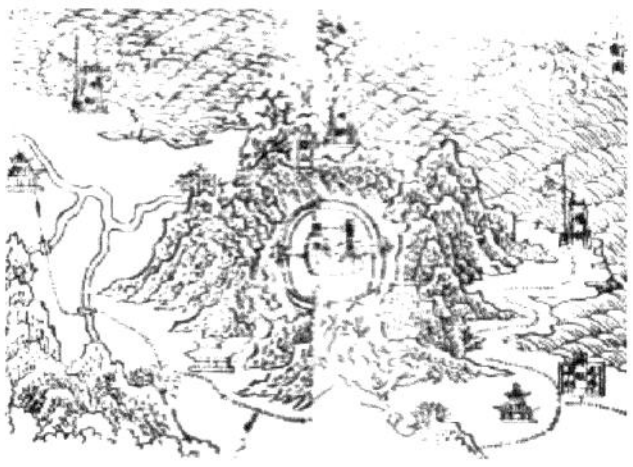
环山面海	安东卫、澉浦所、海门所	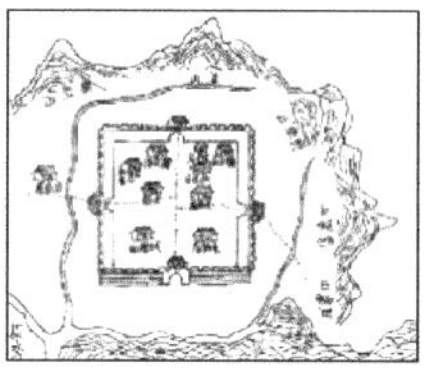 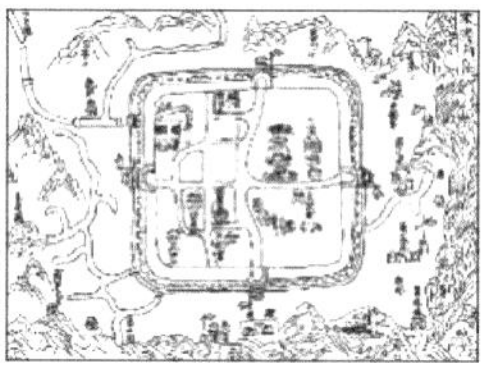 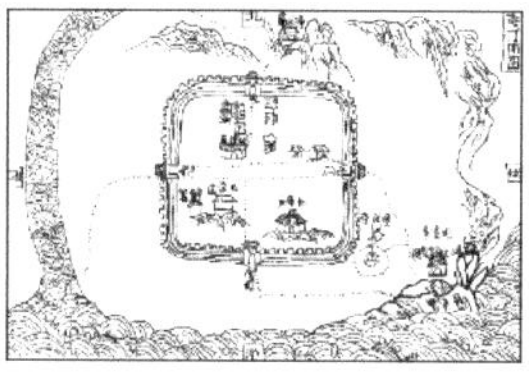
夹山面海	灵山卫	
围/盘山而城	金乡卫、三山所、海朗所	 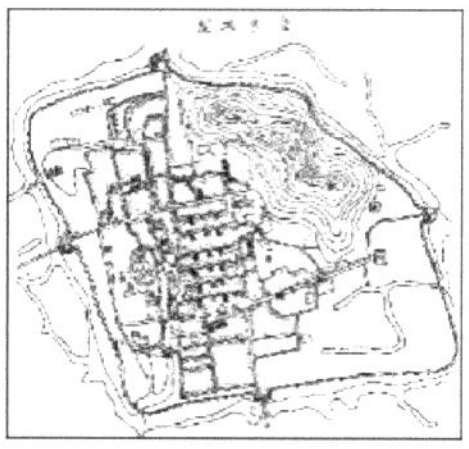 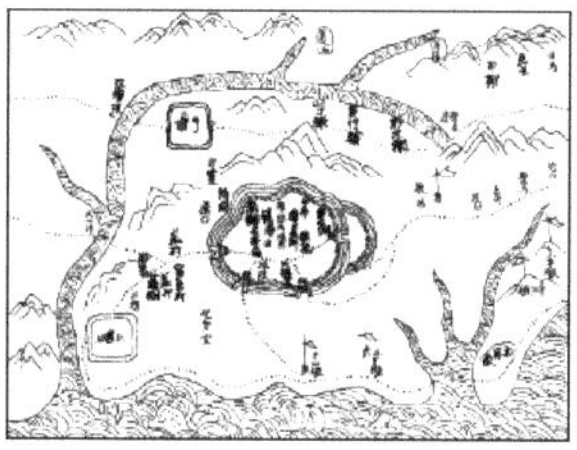

注：图为作者根据相关史料所载古图及史料信息自绘、整理而成。

表 3-9　史料中典型城周局部地理环境的描述示例

防区	卫所名称	史料记载	区域地理环境类型	城周局部地理环境类型	
				山环境	水环境
山东	灵山卫	依山环海	山地丘陵区	一（二）面阻山	一（二）面临水
浙江	三江所	跣山背海，下为三江城河	河口平原区	一（二）面阻山	一（二）面临水
	龙山所	背海面山，左亘覆船，山右为望野		一（二）面阻山	一（二）面临水
	穿山后所	跨山为城		跨山为城	

防区	卫所名称	史料记载	区域地理环境类型	城周局部地理环境类型	
				山环境	水环境
浙江	石浦所	西北阻山/阻青山为城	山地丘陵区	一（二）面阻山	一（二）面临水
	钱仓所	东临大海，四面阻山		四面阻山	
	爵溪所	西北阻山，东南面海，孤悬海口，直冲韭山		一（二）面阻山	一（二）面临水
	健跳所	三面阻山，皆羊肠鸟道，缓急不能遽达，惟东面山前距海		三面阻山	
	新河所	三面俱有大路，可以进兵应援，惟北至海门皆田塍，雨久潦溢，则泥泞可虞		一（二）面阻山	一（二）面临水
	隘顽所	城外四面皆山，高插天表，城垣欹倾，不足恃唇齿之援		四面阻山	
	海门前所	所南临椒江，与卫城仅隔一水	河口平原区		一面临水
	海门卫	三面阻水，倭易登泊，为浙东门户			三面临水
福建	梅花所	三面距海，南连沙江	山地丘陵区	一面阻山	三面临水
	平海卫	城北地势高峻，筑台以瞭海洋		跨山为城	一面临水
	莆禧所	三面濒海，西面为濠，西凿旱濠			三面临水
	悬钟所	城内有果老山，四面八山，连环相向		围山而城	一面临水
	六鳌所	平沙漠漠，三面皆海，惟正北可以陆行，所城凭焉，如巨鳌		盘山而城	三面临水
	铜山所	三面环海为濠，惟西面行二十里始逾陈平渡		盘山而城	三面临水
广东	海朗所	城据海朗山上，因名，下临海，亦曰镇海山		盘山而城	一面临水

注：表中内容为作者根据《读史方舆纪要》《（嘉庆）大清一统志》《（雍正）浙江通志》等相关史料所载整理而成。

（2）海防卫所城镇的迁址

116处海防卫所城池中，现存古籍资料可考的迁过址的卫所有15所，浙江防区和广东防区（含今广西和海南沿海）发生迁址的城址最多，分别是7处和5处。其中浙江地区的昌国卫以及广东防区的蓬州所发生过两次迁移（表3-10）。另外，据北京大学李辉的论文《明代基层海防战区地理研究——以台州桃渚所为例》（2012）的成熟研究，浙江桃渚所前后三迁，一迁为建城，按本书标准不算迁移，因此桃渚所共经历两次迁址。

从这些卫所的迁移路径可以看出，明初实施的是相对积极的海防政策，将多个处于内地的城池（如临山卫）或位置相对远离海岸的卫所（如铜山所）迁移到临近岸线的区域；或者由早期的附卫城千户所向外迁移，成为独立的千户所城（如石浦前后二所，盘石后所）。到明代后期很多处于岸线上的卫所（如南山所）或海岛地区的卫所（如昌国卫、石浦前后二所）都迁移到内地，或出现两所合并的现象，反映了明后期相对消极的海防政策。

表 3-10 明代沿海卫所中发生过迁址的卫所

卫所名称	地区	卫所等级	迁址次数	史料记载	史料出处	迁移路径	主导因素	备注
右屯卫	辽东	卫	1	洪武二十六年（1393）置，初治十三山，洪武二十七年（1394）城公主寨故址，移卫治焉	《（嘉靖）辽东志》	由临时营地迁移至正规城池		
义州卫		卫	1	洪武二十二年（1389）设义州卫，屯于十三山，是年八月，移治于城	《（嘉靖）辽东志》	由临时营地迁移至旧行政州城	建置迁移	
吴淞（江）所	上海	千户所	1	洪武十九年（1386）荥阳侯郑遇春筑土为之，（后）因去海止三里，潮汐冲啮，嘉靖初东北渐倾，兵备副使王仪更筑土于旧城西南一里。嘉靖十八年（1539）城东北隅倾于江，压溺男女五百余人，嘉靖十九年（1540），海寇秦璠、王艮等入寇焚劫，遂移栖土城，以旧城为教场	《江南经略》	由海岸前沿向内迁移	自然环境（海潮侵蚀）/海防形势（倭寇侵袭）	
临山卫		卫	1	洪武二十年（1387），信国公汤和徙上虞故嵩城于余姚西北五十里庙山之上，并海而城之，是为临山卫	《（雍正）浙江通志》	由原来海岸的地区迁移至海岸前沿	海防政策	
昌国卫	浙江	卫	2	洪武十二年（1379），先于昌国县开设昌国守御千户所，洪武十七年（1384）改昌国卫，洪武二十年（1387）起，遣海岛居民，革昌国县，以本卫移置象山县三都海口东门，洪武二十七年（1394），因东门悬海，水薪不便，徙后门	《（雍正）浙江通志》	由海岛前沿地区向内地迁移	海防政策/地理、海防区位	
石浦前所		千户所	1	旧隶昌国卫，洪武二十年（1387），因本卫移置东门，将石浦原设巡检司徙于象山县，遂调前后二千户所于石浦，筑城凿池	《（雍正）浙江通志》	由海岛前沿地区向内地迁移/由附卫城千户所向独立城池千户所转变	海防政策	两所共城
石浦后所		千户所	1	同上		由附卫城千户所向独立城池千户所转变	海防政策	
盘石后所			1	旧属盘石卫，成化五年（1469），自盘石卫城移置此，仍隶盘石卫	《读史方舆纪要》	由附卫城千户所向独立城池千户所转变		
壮士所			1	洪武二十年（1387）建，隶金乡卫，隆庆初并入蒲门	《读史方舆纪要》	由独立城池千户所向两所共城转变	海防形势（倭寇侵袭）	后与蒲门所两所共城

续表

卫所名称	地区	卫所等级	迁址次数	史料记载	史料出处	迁移路径	主导因素	备注
铜山所	福建	千户所	1	明初江夏侯周德兴"初在龙潭山开筑城址，后以地势深入，不能外阻其锋，故进其城于东山"	《（乾隆）铜山所志》		海防区位	
蓬州所	广东		2	洪武二十年（1387）置所于下岭村，以扼商旅出入之冲，洪武二十七年（1394），移建于西埋村……所亦屡移，治所不一	《读史方舆纪要》《方舆考证》			
靖海所			1	洪武二十七年（1394），置守御千户所，嘉靖二十七年（1548）筑城	《（嘉庆）大清一统志》			置所和筑城时间相隔甚远，推测城池发生过迁移
永安所	广西		1	洪武初建千户所于县东北石康县，洪武二十七年（1394）移此，筑城	《方舆考证》			
清澜所			1	洪武二十七年（1394）建，万历九年（1581）迁县东南南都	《方舆考证》			
南山所	海南		1	洪武二十七年（1394）都指挥花茂奏立于南山港西，只用木栅。永乐间，署所事百户赵昱以南山港旧所屡侵倭寇，沙地木栅难以提备，奏请移所。永乐十六年（1418），指挥张恕乃督工于今岭黎乡马鞍山之北筑砌	《（正德）琼台志》	由海岸前沿向内迁移	海防区位	

　　卫所迁址的影响因素并不单一，如昌国卫发生两次迁址的主因是后门山比东门山具有更好的海防区位。"后门山在象山县西南八十里，去海三里，本卫坐冲大海极，为险要，石浦关切近坛头、韭山，乃倭舶出没咽喉，必由之路。"[1]，次因是"东门悬海，水薪不便"。昌国卫在初期由千户所升为卫，属于积极的海防政策，但后由海岛迁入内地，说明不同时期的策略会有所调整。

　　海岸带的自然环境会给卫所城池带来较大的影响，如吴淞所与金山卫受到海潮侵袭的威

---

[1] 李卫，嵇曾筠等（监修）. 沈翼机，傅王露等（编纂）.（雍正）浙江通志·卷二十三 [DB/OL]// 中国基本古籍库.

胁，又如福建地区的梅花所，"城外东南一隅，岁患飞沙，渐积几与城平"，后不得不"每春以所军挑之"，而梅花所的巡检司后移置于蕉山❶，其迁址的原因很可能与此有关。

迁址亦引起城池规模的改变，如吴淞所城迁址重筑后，由"周六里有奇"缩小至四里。城池频繁迁址并不是明代海防卫所的独有现象，一些巡检司、寨、堡等，也会因类似的原因而迁址，如浙江地区的黄家堰巡检司城，"旧在府城东北六十里黄家堰，明洪武二十年（1387）徙沥海所西，为海潮所啮，弘治间徙今所"❷。

（3）明代卫所的增修与重建

大多卫所城池在洪武年间一次筑城。个别城池经历了逐渐完善的过程，如南山守御千户所，"洪武（1394）二十七年置于南山港西，植木为栅。永乐十六年（1418），以倭寇屡侵，沙土卑薄，木栅难固，乃改筑城于马鞍山之北，甃以砖石"❶。从《读史方舆纪要》的记载来看，沿海地区的卫所，普遍都有后期增修的行为，而且增修的时间相对集中在嘉靖时期。

就地重建的例子如浙江地区的盘石卫城、蒲岐所城，福建漳州地区的六鳌所城、铜山所城、悬钟所城，及广东地区的蓬州所城、大城所城等，主要受到清初迁界的影响。

3.1.3.2 明代海防卫所城镇的建置

（1）海防卫所城镇建置的时间特点

"明以武功定天下，革元旧制，自京师达于郡县，皆立卫所。"❸明代整个沿海地区的卫所分为两部分，作为军事机构附设于地方行政府州县城的卫所，以及独立的海防卫所，前者大多与所在的府州县的县治同时设立。海防卫所大部分为洪武年间筑城，山东地区的卫所设立时间相对散乱（表3-11），卫城多设于洪武年间，所城则基本在成化、嘉靖以后建设，这与明代倭寇形势在中后期向北方转移有关。

嘉靖时期是整个明代倭患最严重的时期，各地卫所在此时期普遍有增筑行为，其中又以浙江地区为甚，根据《读史方舆纪要》对明代沿海地区海防卫所的记载，有明确记载增修信息者29例（浙江地区20例），其中嘉靖时期增修者16例（浙江地区12例）。

（2）海防卫所城镇建置的空间特点

明代海防卫所建置沿革中一个比较典型的特点，即部分卫所在筑城后的长期聚落发展过程中，逐渐具备了建县的条件，在明代后期或清初转化为县城。这些卫所城池大多位于辽东地区、长江口、珠江口及岛屿（厦门岛、海南岛）地区。这种建置转化的过程对该类海防历史城镇遗产产生了深远的影响，现状保存相对完好的海防历史城镇或城镇空间要素多由此而来（表3-12）。

表 3-11　山东地区的卫所（含百户所）设立时间统计

时间	数量				名称		
	共计	卫数	千户所	百户所	卫	千户所	百户所
洪武二十一年（1388）	3	3			成山卫、灵山卫、鳌山卫		
洪武三十一年（1398）	5	4	1		威海卫、成山卫、靖海卫、大嵩卫	奇山所	
洪武中期（1368—1398）	1		1			雄崖所	
成化中期（1465—1487）	6		6			大山所、金山所、百尺崖后所、寻山所、宁津所、海阳所	
弘治三年（1490）	1	1			安东卫		
嘉靖中期（1522—1566）	3		2	1		石旧寨后所、王徐寨前所（嘉靖中升为千户所）	塘头寨所
不详	5		2	3		夏河寨前所、浮山前所	马埠寨百户所、灶河寨百户所、马停寨百户所

注：表中内容为作者根据《读史方舆纪要》《（嘉庆）大清一统志》等相关史料所载整理而成。

表 3-12　后期转化为行政府州县的海防卫所概况

建置改换类型	地区	卫所城池信息			府州县城池信息		
		卫所名称	置卫所筑城时间	卫所撤销时间	县名称	改县时间	备注
恢复州县（厅）	辽东	金州卫	明洪武八年（1375）	清雍正十二年（1734）	宁海县	清雍正十二年（1734）	原为金州
		复州卫	明洪武十四年（1381）	明末或清初	复州厅	清雍正五年（1727）	原为复州
		盖州卫	明洪武九年（1376）	清康熙三年（1664）	盖平县	清康熙三年（1664）	原为盖州
		中屯卫	明洪武二十四年（1391）	明末	广宁府	清康熙三年（1664）	原为锦州
		义州卫	明洪武二十年（1387）	清初	义州	清雍正十二年（1734）	原为义州
		海州卫	明洪武九年（1376）	清顺治十年（1653）	海城县	清顺治十年（1653）	原为海州
卫所改府州县		宁远卫	明宣德三年（1428）	清康熙二年（1663）	宁远州	清康熙二年（1663）	新设县
		广宁卫	明洪武二十三年（1390）	清康熙三年（1664）	广宁县	清康熙三年（1664）	
		山海卫	明洪武十四年（1381）	清乾隆二年（1737）	临榆县	清乾隆二年（1737）	
	山东	大嵩卫	明洪武三十一年（1398）	清雍正十二年（1734）	海阳县	清雍正十三年（1735）	
		成山卫	明洪武三十一年（1398）	清雍正十二年（1734）	荣成县	清雍正十三年（1735）	

建置改换类型	地区	卫所城池信息			府州县城池信息		备注
		卫所名称	置卫所筑城时间	卫所撤销时间	县名称	改县时间	
卫所改府州县	上海	青村所	明洪武二十年（1387）	清康熙十七年（1678）	奉贤县	清雍正三年（1725）	新设县
		南汇所	明洪武二十年（1387）	清康熙十七年（1678）	南汇县	清雍正三年（1725）	
		吴淞所	明洪武十九年（1386）	清康熙十七年（1678）	宝山县	清雍正三年（1725）	
		金山卫	明洪武十九年（1386）	清乾隆十五年（1750）	金山县	清雍正三年（1725）	
	福建	南诏所	明弘治十七年（1504）	清顺治十四年（1657）	诏安县	明嘉靖九年（1530）	
		中左所	明洪武二十七年（1394）	清顺治十四年（1657）	思明州	清顺治十二年（1655）	
	广东	东莞所	明洪武二十七年（1394）	清康熙四年（1665）	新安县	明万历元年（1573）	
		神电卫	明洪武二十七年（1394）	清雍正三年（1725）	电白县	明成化三年（1467）	
	海南	昌化所	明洪武二十五年（1392）	清顺治十七年（1660）	昌化县	明正统六年（1441）	
		南山所	明洪武二十七年（1394）	清顺治十七年（1660）	陵水县	明正统年间（1436—1449）	

注：表中内容为作者根据《读史方舆纪要》《（嘉庆）大清一统志》等相关史料所载整理而成。

　　不过，明代的独立卫所城池，在清代转化为行政城池的毕竟是少数（约占全部的1/6）。清代以来，有较多卫所继续作为驻军的巡检司或寨等，如广东地区的平海所。清代后期以来卫所的发展很不均衡，有的以古城古镇的形式完全保留，有的徒剩轮廓，有的则完全消失，典型的如明万历五年（1577）设立的宝山千户所，仅存五年，万历十年（1582）潮决及城。

3.1.3.3　明代海防卫所城镇的规模

　　除个别卫所（如辽东防区的左所、镇远所，山东防区的雄崖所、浮山所，广东防区的甲子门所、捷胜所、平海所）无详细史料记载外，从现有的数据看，明代整个岸线的海防卫所城池规模呈现出明显的等级特点。

（1）卫所城镇规模的等级关系

　　明代的卫所制度关于驻军规模有明确规定："大率五千六百人为卫，千一百二十人为千户所，百十有二人为百户所。所设总旗二，小旗十，大小联比以成军。"[1]从百户所到千户所，再到卫的军队人口数量，形成1∶10∶50的数列。而明代沿海地区拥有独立城池的海防卫所，其规模的设定与驻军规模存在密切联系。

---

[1]　张廷玉等（编撰）.明史·兵制[DB/OL]//中国基本古籍库（电子版）.

　　史料对城池的规模记载，其精度相当有限，通常以大概的"里"数来概述，不同史料存在互相引用，以讹传讹的情况。如表 3-13 是几种不同文献记载的上海地区的吴淞所和青村所城池周长的数据，可以看出，不同文献的记载有相同，也有差异。但同时也说明一个现象，即这些规模数字在一定范围内浮动，吴淞所城和青村所城的城池周长基本是在 6 里上下浮动，这也说明卫所的规模存在一个潜在规模级数。

表 3-13　吴淞所和青村所的文献记载统计

史料	《读史方舆纪要》	《乾隆江南通志》	《江南经略》	《天下郡国利病书》	《正德松江府志》
吴淞所城	原城 1160 丈（约 6.4 里），迁址重建后新城 720 丈	城池周 5 里有奇，迁址重修后城池 720 丈	原城周 6 里有奇，两次迁址后 720 丈（周 4 里）	1160 步（这里是传讹，应为"丈"，即 6.4 里）	无记载
青村所城	周 6 里	周 6 里	5 里 80 步		周 6 里

注：表中内容为作者根据《读史方舆纪要》等相关史料所载整理而成。

　　基于此，笔者将海防卫所的城池规模数据进行了归纳分类，将有规模数据的 107 处分为"2 里之城"（实际规模 1 ～ 3 里）、"3 里之城"（实际规模 2 ～ 5 里）、"6 里之城"（实际规模 5 ～ 8 里）、"9 里之城"（实际规模 8 ～ 10 里）和"12 里之城"（实际规模 12 里左右）。

　　归并之后的城池规模呈现出明显的等级关系（表 3-14）。其中，3 里之城在整个沿海地区的数量最多（64 所），占 60%，其分布也遍及沿海各大防区，是最普遍的一种卫所城池规模类型，应与千户城中 1120 人的驻军规模相对应。2 里之城则是千户所城，以及部分百户所城的最小规模等级。在此基础上，3 里之城、6 里之城、9 里之城的卫所数量呈现出明显的倍数关系，并呈金字塔递减。表 3-15 为各级海防卫所城池的规模等级示意。

表 3-14　各等级类型的卫所城池在沿海各大海防区域的分布状况

类别	总数	归类
2 里左右	14（7×2）	2 里之城
3 里左右	64（≈ 7×9）	3 里之城
4 里左右		
5 里左右	21（7×3）	6 里之城
6 里左右		
7 里左右		
8 里左右	7（7×1）	9 里之城
9 里左右		
12 里左右	1	12 里之城
总计	107	总计

注：表中内容为作者根据《读史方舆纪要》等相关史料所载整理而成。

表 3-15 沿海各级卫所城池的规模等级示意

类别	0.5里	0.75里	1.5里	2.25里	3里
等级	2 里之城	3 里之城	6 里之城	9 里之城	12 里之城
里数范围	1 <里< 3	2 <里< 5	5 <里< 8	8 <里< 10	12 里左右
边长数（今单位）	288 米	432 米	864 米	1296 米	1728 米
城池等级	百户所城 /个别千户所城	个别百户所城 /千户所城	个别千户所城 / 卫城	极个别千户所城 / 卫城	个别卫城

注：表中内容为作者根据《读史方舆纪要》等相关史料所载整理而成。表中图为作者自绘。另：因古今计量单位误差，表中数据均为估值。

（2）卫所城镇规模的区域分布

以上不同规模等级的海防卫所在沿海的分布也呈现出十分明显的特点，从表 3-16 可以看出，6 里之城和 9 里之城集中分布在辽东地区、山东半岛和长江口以南的江浙地区，其中江浙地区又主要分布在长江口、钱塘江口、瓯江口等河口地区。

表 3-16 沿海卫所在各省区分布表

类别	辽东		山东		江苏		浙江		福建		广东		总计
	卫	所	卫	所	卫	所	卫	所	卫	所	卫	所	
2 里之城		1		3		1		2		1		6	14（0卫14所）
3 里之城	2	3	1	5		1		14		11		9	46（3卫43所）
	2			1			1	6	4	2	1	1	18（8卫10所）
6 里之城	2		2				2	1			1		8（7卫1所）
	2		3			2					1		8（6卫2所）
							2	3					5（2卫3所）
9 里之城				1				1					2（1卫1所）
	1					1	2	1					5（3卫2所）
12 里之城					1								1（1卫0所）
总计	9	4	7	9	1	5	7	28	4	14	3	16	107（31卫76所）

究其规模分布状况的原因有以下几点。

① 海防区位的重要程度。首先，也是最重要的原因，是整个沿海地区不同防区的需要，河口地区，往往是沿海防线和江河防区的交汇地点，这些地区也往往是历代海防重镇所在，自唐即置澉浦镇，后历代皆有重兵屯守。又如海防卫所城池中规模最大的金山卫城，其所在地"为府境东南之险，当浙直要冲，且与宁波定海关同为钱塘江锁钥，北之沙堡至此而尽，南之山屿至此而终，置兵于此，不惟固苏淞之藩篱，亦坚嘉、湖、杭三郡之门户。"❶ 由此可见其海防区位的重要程度。

② 区域地理环境的影响。河口平原地区地势开阔，较南方福建、广东的多山、丘陵地区而言，城池用地相对不受限制，具有建造大规模城池的地理条件。

③ 地方社会经济的影响。从社会经济条件来看，规模较大的海防卫所城池所在地也是沿海地区农业经济发达的地区，一方面，这些地区是沿海倭寇重点劫掠的对象，如浙江地区，"浙东地形突出海外，固为当敌要冲，浙西虽涉利害，而豪华财帛之所聚也，尤为贼所垂涎"❷；另一方面，富庶的沿海地区才有足够的财力来修建大规模城池。

另外，海防卫所在明清时期发生了建置升降、城址迁移或重筑，给卫所城池的规模也带来了较大的影响，建置升降的实例如山东地区的百尺崖千户所，夏河寨千户所，石旧寨千户所，都是由百户所城池升级而来，这三个所城的规模分别为 2 里之城、3 里之城和 3 里之城，属于规模等级偏小的城池。城址变迁的实例如桃渚所城，桃渚所在明代前后 2 次迁址重建，洪武三十年（1397）桃渚所城初建时城周"4 里有奇"，迁址重筑后变为"2 里有奇"。

3.1.3.4　明代海防卫所城镇的形制

（1）不同规模等级下卫所城镇的规制特点

3 里之城的数量众多，分布广泛。多以城门 4 处或 3 处为主，城内道路以十字路或丁字路（或两者的变体）为主。

6 里之城普遍具有完整城濠系统。月城的设置不普遍，辽东地区、山东半岛、长江口地区较多。城内道路系统以十字街为主，除了军事性机构外，城隍庙、文庙、武庙这种公共建筑也普遍出现，辽东地区的钟鼓楼多位于十字街或丁字街的交叉地带。

9 里之城 7 处，除了具有 6 里之城的基本特征外，城内道路多扩展成环路或局部环路。因这些城池多处于河口地区，城内水网发达，桥成为主要交通方式之一。城内公署的数量和密度都有所加大，乍浦城内还出现了局部加固的内城。

（2）不同沿海防区内卫所城镇的形制特点

明代海防卫所的城池形态具有典型的区域特色。以钱塘江为大致界限，北方沿海地区多

---

❶ 顾祖禹.读史方舆纪要 [DB/OL]// 中国基本古籍库（电子版）.
❷ 王鸣鹤（辑）.登坛必究·卷十 [DB/OL]// 中国基本古籍库（电子版）.

规整的方形平面，南方沿海地区多异形平面。整个沿海地区的城池形态随各地区的地理环境不同而出现逐渐变化的过程，同时各区域内的卫所又有自身的区域特点。卫所数量多，地理环境复杂和地貌类型多样的区域，卫所城池形态种类较丰富，如浙江地区和广东地区（表3-17）。从城周的水系看，长江口平原地区河网最发达，钱塘江两岸地区次之，浙南山地河网地区又次之，长江口以北和温州以南地区变为干濠或无城河。

表3-17　明代海防卫所城池平面形态的区域差异

防区		特点总结	典型卫所	附图
辽东		局部平原地区的规整平面，靠近京畿地区，受北方平原区及都城制度影响较大，十字街制及钟鼓楼等配置齐全	宁远卫、宁远中右所、广宁前屯卫中前所	
山东		规整平面，城内十字街为主，同内外区域道路连通	威海卫、成山卫、安东卫	
上海		平原河网地区，城池路网、水系极其发达，规整方形平面，规划特征明显	金山卫、南汇所、青村所、吴淞所	
浙江	浙北平原	平原河网地区的规整方形平面，路网、水系发达	乍浦所、澉浦所、观海卫	
	浙北平原丘陵区	平原区的局部地势起伏区，跨山而城，平面由规整向不规整过渡	临山卫、三山所	
	浙南山地	山地河网地区，介于平原区的规整方形平面向自由曲线平面过渡	金乡卫、海安所、蒲岐所、蒲壮所	

海防古城镇：基于世界遗产语境的解读

防区	特点总结	典型卫所	附图
福建	山地丘陵区，以灵活自由的曲线平面为主	镇海卫、六鳌所、铜山所、悬钟所	
广东	局部地势平坦地区的相对规整平面	大城所、海门所	
	山地丘陵区，异形平面，路网、水系不发达	碣石卫、海朗所	
	以规整平面为基本轮廓，局部异形	靖海所	

注：图为作者根据相关史料记载的古图和历史信息描摹、整理而成，部分为航拍图。

另外，局部防区内部还有一些比较明显的特点，如辽东地区的卫所一般都设有关城，如广宁卫城和金州卫城（图3-18）。

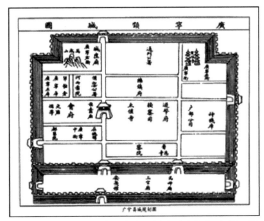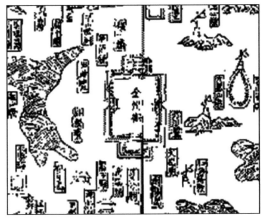

图3-18 广宁镇城（原广宁卫城）（左）与金州卫城（右）

注：图为作者根据相关史料记载的古图描摹而成。

3.1.3.5　海防卫所城镇不同筑城要素的规制特点

（1）筑城材料

明代沿海地区海防卫所的筑城材料具有典型的区域差异和特色。纵观整个海岸线，长江口地区及以北的海防卫所城池以砖石材料为主，或由土城改建为砖石城，浙江南部及福建地区以石城为主，广东（含今海南地区）则兼而有之。

总结各地筑城材料的特色与成因，多与当地的自然地理环境和社会经济条件密切相关，建材的种类和丰歉程度、手工业技术的发达程度、海防形势的缓急程度等都会影响筑城材料。如长江口及以北的沿海地区黏土资源较南方丰富，窑业技术发达，又有运河交通之利，因此砖石材料在地方行政建筑和军事城池的建造上运用均比较普遍，明代以来海南地区的砖瓦窑业相对发达，亦可较好地满足当地的筑城需求。

（2）城防元素

① 城门。就陆门而言，海防城池的城门数量与城池规模有较大关系，城周 6 里及以下的城池通常设 3 城门或 4 城门，2 城门只见于规模较小的千户所城和百户所城（山东地区较多），5 门以上配置基本只在规模较大的卫所城池中出现，如金山卫城设陆门 8 座、水门 2 座。

4 城门是卫所城池中最常见的形制，在有城门记载的 84 座城池中，4 城门的卫所共计 57 处，占 2/3。与 4 城门制相对应的是以十字街为主的城内主干道。通常在东西南北方向各置一门。3 里之城则对应"丁"字形的道路格局，如盖州卫城（图 3-19）。一般以东西方向的道路为交通干道，南门则侧重于防御。

3 城门的海防卫所也较多，有确切史料记载的共计 18 个（包括石浦前后两所共城的城池），其中 13 处卫所城池于东、西、南三个方位设城门，独缺北门。这说明几个重要问题：第一，海防卫所的选址遵循传统城池的法则，即坐北朝南，以南向为正，城区北部作为衙署等重要机构所在地；第二，海防卫所城门的方位设置与城防布局密切相关，而与卫所等级无关，尤其在山地丘陵地区，城池或背山面海，或跨山为城，为防止外敌从山顶向下俯攻城池，因而北面通常不设城门。典型的例子如浙江地区的蒲门所城（后合为蒲壮所城）（图 3-20），又如福建地区的平海卫"城之北地势高峻，故不置门，惟筑台以瞭海洋而已"❶。

城门的方位，不仅与城内道路格局有密切关系，与城池所在区位交通格局和城池周边的地势环境，亦有较大的关系。如盖州卫城池的城门方位布局与城外道路交通关系密切（图 3-21）。

---

❶ 陈道（修）. 黄仲昭（纂）.（弘治）八闽通志·卷十七 [DB/OL] // 中国基本古籍库.

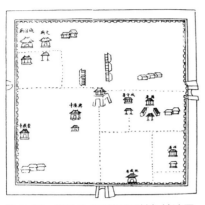

图 3-19　盖平县（旧盖州卫城）城池图
注：图为作者根据相关史料记载的古图描摹而成。

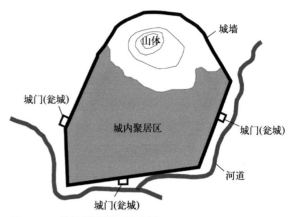

图 3-20　蒲壮所城平面示意图
注：据蒲壮所城址航拍图自绘。

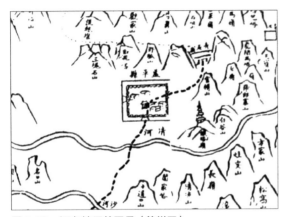

图 3-21　辽东地区盖平县（盖州卫）
注：图为作者根据相关史料记载的古图描摹而成。

　　②月城（瓮城）。海防卫所城池中明确记载有月城的城池有 40 个，在不同规模等级的城池中都存在，从这 40 个城池在各防区的分布来看，长江口、浙江、福建沿海地区具有月城的城池最多，占据总数的 75%（表 3-18）。

表 3-18　具有月城的卫所城池的空间和等级分布

等级类型	辽东	山东	上海	浙江	福建	广东	海南	总计
2 里之城					1	1	1	3
3 里之城				11	12	3		26
6 里之城	1	2	2	3		1		9
9 里之城			1	1				2
总计	1	2	3	15	13	5	1	40

注：图为作者根据相关史料记载整理而成。

从考古资料和现场调研情况来看，沿海各个防区的月城形制有一定的差异，如福建山地地区的城池，其月城是以石结构为主，兼杂以三合土结构的城墙，月城平面轮廓较为灵活，如镇海卫的月城（图3-22），江浙地区的月城多为方形平面，如老宝山县城（原吴淞所城）（图3-23）。

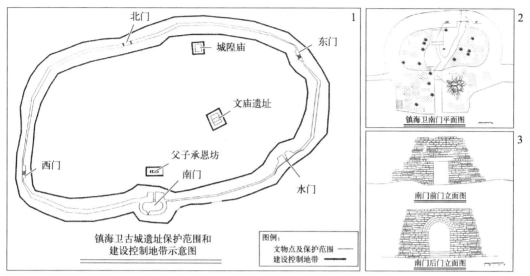

图3-22 镇海卫月城

注：图中1为镇海卫古城墙平面示意图，2为镇海卫南门平面图，3为镇海卫南门立面图（底图选自漳州文物管理委员会
办公室制作的镇海卫测绘图）

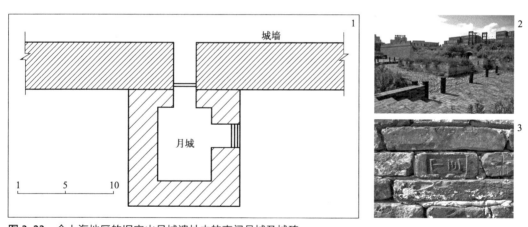

图3-23 今上海地区的旧宝山县城遗址中的南门月城及城砖

注：图中1为宝山县城（吴淞所城）南门月城平面示意图，2为宝山县城南门月城遗址远观图，3为宝山县城（吴淞所城）
城墙上刻有"宝山"二字的城砖（其中1为作者根据现场调研自绘，2、3为现场调研照片）。

3.2 遗产现状分析

本节以历史文化名城系统中的海防城镇（主要是海防历史城镇），以及全国各级文物保护单位中的海防城镇遗产（包括海防历史城镇和海防城镇空间要素遗产）为例，来进行中国海防城镇遗产的现状分析。同时，以明代海防卫所城镇为例，将其作为一种遗产资源，梳理了海防卫所城镇的遗存现状，以期对中国海防城镇遗产有较全面的了解。

3.2.1 明代海防城镇遗产现状分析

（1）历史文化名城系统中的海防城镇遗产

我国分别于 1982 年、1986 年、1994 年分三批公布了 24、38、37 处国家级历史文化名城，之后又不定期增补 24 处，共计 133 处历史文化名城，其中沿海 11 个省市区中有近 40 处。自 1982 年以来先后分六次公布了国家级历史文化名镇名村的名单，六批全国历史文化名镇共计 252 处，六批全国历史文化名村共计 276 处。其中沿海省市（自治区）名镇 111 处，名村 121 处。另外沿海地区的 11 个省市自治区中，各省不定期公布了各自的省级历史文化名城等名录，如浙江省的历史文化名城名镇名村工作较为细致，自 1991 年至 2006 年前后公布多批省级及市级历史文化名镇名村及历史文化街区。

按照本书中关于海防历史城镇遗产的定义，尤其是具有专职职能和独立城池的海防城镇，在已有的沿海地区国家级及各省、市级历史文化名镇名村目录中，海防历史城镇的分布并不普遍，基本以名镇名村的形式存在，且整体比例偏低，目前共计 17 处（表 3–19）。就其省域分布看，浙、闽两省分布较多（分别为 6 个、4 个），尤其是福建省，历史文化名镇名村同时被列入文保单位名录的数量（4 个）也较多。15 处海防历史城镇中，明代官方卫所的比例较高，其余亦为官民共筑的海防堡垒。

（2）全国各级文保单位中的海防城镇遗产

相比名城名镇名村系统，各类海防城镇遗产在我国文保单位中的分布均较为普遍。

表 3–20 为不同类型的海防城镇遗产在我国 11 个沿海省市区海岸地带中的数量分布概况，参照第 2 章关于海防城镇遗产的定义，我们将全国文保单位中的海防城镇遗产分为海防（历史）城镇、普通的海防聚落等几个大类，其中海防城镇既包括那些保存程度和完好程度较高的海防古城整体，也包括城镇遗存的片段，即海防城镇空间要素遗产。可以看出，在几个海防城镇遗产的大类中，海防城镇、海防烽燧、海防炮台 / 关塞这三类遗产为主要组成部分（三类共计 170 项，占全部的 77.6%）。而海防城镇遗产的始建年代特点也非常明显，海防城镇、海防聚落、海防烽燧这三大类主要形成于明代，海防聚落、海防营垒、海防炮台 / 关塞，以及海防军工 / 军事基地则主要形成于清代。

从海防城镇遗产的地区分布上看，天津、河北、江苏、广西四个省市区的海防遗存数量稀少，浙、闽、粤三省的海防遗存总数及海防城镇的总数则最多，其中福建居其首，不但涵盖了全部的海防遗存类型，且海防城镇和海防聚落的数量亦最多。在福建的沿海地级市中，又以漳州地区的海防遗存数量最多。

53处海防历史城镇及城镇空间要素遗产，涉及沿海明代卫所41处，官民共筑堡垒8处，将53处文保单位主要分为两类（表3-21），一类是明代在沿海地区集中建立的海防卫所城镇（卫城及千户所），另一类是官方参与修筑的民间城堡。从其分布上看，明代生成的海防历史城镇和海防聚落遗产主要还是集中在明代倭患较为严重的浙、闽、粤三省，官方修筑卫所城池中，浙江地区的市县级文保较多，广东省的省级文保较多，而福建省则省级、市县级两级文保都相对丰富；民间筑堡则主要集中在福建。因此，作为文保单位分布质量较高且非常密集的区域，福建省是作为案例研究的理想区域，本书将福建地区官方卫所城池与民间筑堡最丰富、也最有特色的漳州地区作为调研的对象。

表 3-19　国家级及省级历史文化名城 / 镇 / 村中的海防历史城镇

省区	名城系统			文保系统		历史信息			所在市县
	名城等级	城/镇/村	村镇名称	文保等级	文物名称	历史名称	时代	类型	
辽宁	国家级	名镇	前所镇			中前所	明	所	葫芦岛绥中县
	省级	名镇	复州城镇	市县级	复州城	复州卫	明	卫	大连瓦房店市
山东	国家级	名村	雄崖所村	市县级	雄崖所故城遗址	雄崖所	明	所	青岛即墨市
上海	国家级	名镇	川沙新镇			川沙堡	明	堡	上海浦东新区
浙江	国家级	名镇	石浦镇			石浦前/后所	明	所	宁波象山县
	省级	名镇	金乡镇	市县级	金乡卫城	金乡卫	明	卫	温州苍南县
	省级	名镇	新河镇			新河所	明	所	台州温岭市
	省级	名镇	楚门镇			楚门所	明	所	台州玉环县
福建	国家级	名村	福全村	省级	福全所城	福全所	明	所	泉州晋江市
	省级	名镇	崇武镇	国家级	崇武城墙	崇武所	明	所	泉州惠安县
	省级	名村	定海村	市县级	定海城堡	定海所	明	所	福州连江县
	国家级	名村	廉村	省级	廉村城堡	廉村堡	明	堡	宁德福安市
	国家级	名村	琴江村			城堡式水师兵营	清	堡	福州长乐区
	省级	名镇	透堡镇			透堡	明	堡	福州连江县
广东	国家级	名镇	碣石镇			碣石卫	明	卫	汕尾陆丰市
	国家级	名村	大鹏村	国家级	大鹏所城	大鹏所	明	所	深圳龙岗区
辽宁	省级	名镇	城子坦镇	市县级	归服堡遗址	归服堡	明	堡	大连普兰店区

注：表中内容为作者根据相关官网信息整理而成，详情见正文相关内容。

表 3-20　中国文物保护单位中的海防城镇遗产类型及数量概况

省区	海防城镇	海防聚落	海防烽堠	海防建筑物	海防营垒	海防炮台/关塞	海防军工/军事基地	碑刻等其他	总计
辽宁省	7		13		1	10	2		33
天津市						3	1		4
河北省			1		5		1		7
山东省	4	1	5	1		6			19
江苏省			1					1	2
上海市	1					2			3
浙江省	13		12		2	7			34
福建省	20	12	10	2	7	12		3	69
广东省	8	1	2	2	2	26		1	42
广西省	1					2			3
海南省			2			3			5
总计	54（明）	14（明12清2）	46（明42清4）	5（明1清4）	17（明4清12）	71（明12清59）	9（明3清6）	5（明4清1）	221

注：表中的国家级文保单位更新至2013年第七批全国文保单位，省级文保单位根据各省情况，更新至文保单位公布时间（2013年12月），县级文保单位因获取数据的现实困难，未获得文物普查数据，而是维持2005年6月止国家文物局官网公布的数据。

表 3-21　海岸带文保单位中涉及的海防卫所城池及民间筑堡的概况

地区	海防卫所城镇（卫城及千户所城）				官方参与修筑的民间筑堡			
	国家	省级	市县级	总计	国家	省级	市县级	总计
辽宁省		1	4	5				
河北省								
天津市								
山东省			3	3				
江苏省								
上海市		1		1				
浙江省	2		9	11	1		1	2
福建省	1	6	8	15		2	2	4
广东省	1	5		6		1		1
广西省						1		1
海南省								
总计	4	13	24	41	1	4	3	8

注：表中内容为作者根据相关官网信息整理而成，详情见正文相关内容。

另外，就现状遗存类型而言，由于文保系统自身的限制，多以海防城镇遗产的城墙或者原城镇中的建筑个体为文物保护对象，对历史城镇整体缺乏关注。本书在后期的案例研究中将以历史城镇作为主要的案例研究对象。

综合来看，辽宁葫芦岛市、上海市、浙江温州市以及福建的宁德市、泉州市、漳州市这6处地域内明代海防城镇的遗存比较密集，现状遗存的保存程度较好，遗产特点亦比较突出，其中福建漳州的海防历史城镇遗产的等级普遍较高，遗存类型丰富，其个案特点亦非常显著。

综上，从我国沿海地区海防历史遗产资源的分布状况可以看出，漳州地区的遗产资源以其数量多、分布密集、遗存状况好、遗产类型多为特点，同时漳州地区的海防城镇在建置特色、规模特色、防御特色和现状保护问题等方面都有极强的丰富性和代表性。

3.2.2 明代海防城镇遗产资源现状分析

我国目前的两个遗产系统，仅涵盖了明清海防历史城镇、海防聚落及相关遗存的一部分，较多都是以单体建筑（如城墙、钟鼓楼等）的形式存在。

实际上，除了这些城镇遗产之外，历史时期的大量沿海卫所城镇和堡垒仍以各种形式留存于世，供学者研究其历史全貌和遗产价值。一类是像金山卫这样的城镇遗址，虽不属于历史城镇这类遗产的范围，但为我们研究明代海防历史城镇体系提供了大量真实客观的物质遗存。另一类是像赵家堡这样的聚落遗址，虽不具备海防城镇乃至城镇的基本条件，但其聚落的形态和方式同样为我们研究海防历史城镇提供了大量的类比资料，并且提供了观察研究对象的多重视角。尤其是浙江、福建地区还有大量的民间堡垒有待继续发掘。因此，本书将这两类遗产资源形式分别列入基础研究和案例分析的范畴。

由于资料获得和实地调研的实际困难，目前还无法窥见民间海防堡垒聚落资源的概况，仅以明代沿海116处独立海防卫所城池为对象，来管窥明代沿海官方海防城镇的遗产现状。

按照遗产现状整体保存的不同状况和保存程度，沿海116处卫所可以分为以下几类：

A. 城址无存，海防城镇未留下任何遗产实体信息；

B. 以遗址形式存在，如辽宁地区的金州卫城遗址；

C. 仅城郭尚存，但原城内古城肌理不存，如山东地区的大嵩卫；

D. 仅城墙或个别城镇元素尚存（原城内古城肌理基本不存），如厦门所城墙（中左所）；

E. 原城内保留部分传统风貌片区，如上海地区的奉城镇（青村所）；

F. 原城内部分或整体风貌片区与古城肌理保存完好；城防或其他城镇元素尚存，活的传统文化等非物质内涵得以较好延续，如诏安古城。

以上6类遗存的分布状况如表3-22。整个沿海地区传统风貌尚存部分（E类）或整体较好（F类）的共计66处，占56.9%。从省域分布看，山东地区的海防卫所城址多已不存；而风貌尚存（E、F类）的海防卫所多分布在浙、闽、粤三省及辽东地区，其中城镇整体保存状况良好，物质空间与传统文化保存都较好的卫所主要分布在浙、闽两省。

遗存所处聚落环境的城镇化程度，给遗存的现状保存带来很大的影响，笔者统计了116处卫所所处的聚落环境（表3-23）。从中可以看出，位于地级市或县级市中心城区的海防卫所城址相对较少（24处，占全部的20.7%），而75.9%的卫所（88处）均位于小城镇或乡村地区，城址所在地区城镇化程度整体相对不高，尤其是小城镇地区，其物质遗存既没有被高度城镇化过程所破坏，也没有受自然灾害或人为废弃等威胁，而是部分或完全保留了明清城镇的部分城镇物质空间和传统文化，是未来海防历史城镇保护的主要方向。

表3-22　明代海防卫所的现状遗存类型分布表

地区	A类	B类	C类	D类	E类	F类	总计
辽东	4	1	3	0	4	4	16
山东	13	0	2	2	2	0	19
上海	1	0	0	1	3	0	5
浙江	6	0	0	3	18	8	35
福建	1	0	1	2	7	7	18
广东	3	0	1	0	11	2	18
广西	1	0	0	0	0	0	1
海南	3	0	0	1	0	0	4
总计	32	1	7	10	45	21	116

注：表中数据为作者根据相关遗存的现状信息自行整理而成。

表3-23　卫所所处的聚落行政级别统计

地区	市区	镇（含乡）	村	不详	总计
辽东	7	7		2	16
山东	5	7	6	1	19
上海	1	4			5
浙江	4	23	7	1	35
福建	4	7	7		18
广东	1	14	3		18

地区	市区	镇（含乡）	村	不详	总计
广西		1			1
海南	2	2			4
总计	24	64	24	4	116

注：表中数据为作者根据相关遗存的现状信息自行整理而成。

　　另外，值得注意的是，明代官方卫所形成的城镇聚落，不论在后期的发展过程中以何种建置形式存在，都在很大限度上完好地保存了明代海防时期的历史地名，116处卫所城址中，历史地名不再采用或无法查证的仅17处，其余近百处卫所城址都保存了完整的地名，这些地名是明代海防历史城镇遗产价值的重要组成部分，也为我们方便定位及研究历史城镇提供了极大的便利。

3.3　漳州地区明代海防城镇遗产的案例研究条件

3.3.1　地理环境与海防形势

（1）地理环境

　　福建省境内多山地和丘陵，二者约占全省总面积的82.39%，平原和水面仅占17.61%，素有"八山一水一分田"之称。东部沿海地区长期受海洋和河流等外力剥蚀和堆积作用，形成面积较大的丘陵和小规模的平原。平原主要分布在闽江以南，面积较大的有漳州平原等。海岸线漫长而曲折，北起福鼎市沙埕虎头鼻，南至诏安县洋林的铁炉岗，全长3051千米，岸线长度居全国第二，港湾、半岛和岛屿众多，大小港湾125个，其中较大者14个，这些港湾大都具有水深、不淤、避风、港域宽广等特点，是天然良港。沿海岛屿多达1202个，岛屿岸线1780千米，总面积1200平方千米，闽南地区的东山岛面积居全省第二。

　　闽东南沿海丘陵台地平原区，地势西高东低，海拔绝大部分在500米以下，由山地过渡为高丘、低丘、台地、平原，地貌类型以丘陵为主，基质海岸与沙质海岸交互出现，岩壁多由花岗岩、火山岩组成，岸线破碎。海蚀现象极其普遍，海蚀阶地、陡坎、海蚀崖、海蚀沟、海蚀穴、海蚀柱、海穹石及海蚀残丘等广泛分布。岸前的岩滩断续延伸，宽数十米至百米，多呈岩礁状，偶见平台状。基岩小湾澳为小海滩所占据。由于海浪猛烈而持续地冲击，导致岩岸岩滩呈缓慢蚀退或处于相对稳定状态。

　　从漳州南部的海岸线历代变迁来看，宋代以来大陆海岸线基本无大的变化，清代以来只在诏安县的东溪等入海河口地区形成冲积平原。因此，漳州地区的沿海卫所中，悬钟所城和铜山所城，以及部分海防城堡（如梅洲堡）皆位于濒海岸线上。而今诏安县城址所在，即明代的南诏所城，初建城时选址于濒海岸线之上，但随着河口处陆地岸线向海推移，诏安古城逐渐被陆地包围。

（2）海防形势

明初为全国海防稳固时期，全国沿海置卫所，建水寨，置重兵戍守，虽时有倭寇袭掠中国沿海，但未酿成大患。但自洪武三年（1370）起明朝实行严厉的海禁，一直持续到隆庆年间（1567—1572）。其间相继罢明州、泉州、广州三市舶司，禁濒海居民私通海外诸国，强令沿海岛屿居民内迁。明中期后，海防凋敝，卫所制度濒于崩溃。嘉靖年间为沿海倭寇袭掠最严重的时期，前期江浙沿海倭患最甚，到中后期祸及福建，一直到嘉靖四十三年（1564），为期多年的福建倭患才基本平息。

明代海禁阻断了沿海居民的生计，豪门世家、地主奸商勾结倭寇在中国沿海袭掠，亦有一些以海为业、迫于生计的沿海渔民和农民从事走私贩私。因此，明代福建地区的海防形势和倭寇成分非常复杂，尤其是泉州、漳州两地为甚，明代福建南部的寇乱主要由"海倭山寇"组成，大批山匪集聚在山地密林之中，为祸地方。漳州地区的明代海防城镇具有山海共防的特点，在整个明代沿海地区都具有典型性。

清廷重蹈明代覆辙，自顺治十三年（1656）起实行海禁，康熙三年（1664）至十九年（1680）在直隶、浙、闽、粤四省实施大规模迁界政策。漳州沿海的海澄、漳浦、诏安等县大量地方沦为废土。在修筑界墙时，清朝强征千百万民夫，拆毁过去用于防倭的城寨，使沿海大片城郭聚落变为邱墟。

明代在漳州地区共设海防卫所5处，镇海卫、六鳌所、铜山所、悬钟所设于明洪武二十年（1387），由镇海卫辖；明弘治十七年（1504）又移漳州卫后所置南诏千户所，属漳州卫。同时，嘉靖年间，福建沿海的大村小镇相继立栅筑垣，掘濠建堡，组织自卫武装，在沿海抗倭斗争中发挥了不同程度的作用。

3.3.2 史料基础

明代漳州地区关于海防城镇的史料相对丰富，南诏所和铜山所后期相继转为行政县，借助当地的清代和民国史料，可以较好地了解明清时期卫所发展的全貌。

研究明代海防城镇的另一个途径是卫所专志。有关明代的海防卫所，古人云："卫所为天子守封域，与郡县同。"顾诚先生也提出"明代卫所在绝大多数情况下是作为军事性质的地理单位存在的"的观点。明代沿海地区的116处卫所城池中，辽东边地全部为实土卫所，有自己的管辖地域和户籍。其他沿海卫所与邻近州县的界线划分也比较清楚，并都有自己独立的辖地❶，享有与地方府州县相似的军事和管理职责，明代的海防卫所城池作为地方城池具有一定的代表性。因此，卫所志书具有与地方府州县志同等重要的地位，《潼关卫志》云："卫之不可无志也，与州县等。"❷ 卫所专志是明清地方志书的重要组成部分，很多卫所专志还是该地区最早的志书，为我们研究卫所制度以及有关地区的历史提供了非常有价值的材料。

目前有关卫所专志的著作非常少，据不完全统计，明代卫所专志现存下来的有31本，涉及卫所28处，而沿海区域的明代卫所专志占半数（15本），涉及14处卫所（表3-24）；其中志书中有古图者更少，目前发现的有《（乾隆）威海卫志》（舆图、城图各一）、《（嘉靖）观海卫志》（城图一）与《（乾隆）镇海卫志》（城图一）。

表3-24 现存卫所专志的明代沿海卫所概况

地区	名称	军事建置		行政建置		修志情况	
		卫所建置时间	卫所裁撤时间	历史	现状	版本	修志时期
天津	天津卫	明永乐三年（1405）	清顺治九年（1652）	天津州、天津府	天津市	（康熙）天津卫志	清
山东	威海卫	明洪武三十一年（1398）	清雍正十二年（1734）	威海市	威海市	（康熙）威海卫志、（乾隆）威海卫志	清
	灵山卫	明洪武二十一年（1388）	清雍正十二年（1734）	无县级及以上行政建置	灵山卫镇	（乾隆）灵山卫志	清
	靖海卫	明洪武三十一年（1398）	清雍正十二年（1734）		靖海卫村	（康熙）靖海卫志	清
	雄崖所	明洪武年间（1368—1398）	不详		南雄崖所村	（光绪）雄崖所建置沿革志	清
上海	金山卫	明洪武十九年（1386）	清乾隆十五年（1750）	金山县	金山区	（正德）金山卫志	明
浙江	观海卫	明洪武二十年（1387）	清顺治十二年（1655）	无县级及以上行政建置	观城镇	（嘉靖）观海卫志	明
	临山卫	明洪武二十年（1387）	清顺治十二年（1655）		临山镇	（嘉靖）临山卫志	明

---

❶ 《中国地方行政制度史》（周振鹤.中国地方行政制度史[M].上海：上海人民出版社，2005.）；明初洪武年间罢废部分边境州县，建立卫所，这部分卫所有自己的管辖地域和户籍，俗称为实土卫。辽东地区全部为实土所。

❷ 唐咨伯（修）.杨端本（纂）.（康熙）潼关卫志[M]// 中国地方志集成·陕西府县志辑.南京：凤凰出版社，2007.

地区	名称	军事建置		行政建置		修志情况	
		卫所建置时间	卫所裁撤时间	历史	现状	版本	修志时期
浙江	沥海所	明洪武二十年（1387）	清顺治十七年（1660）	无县级及以上行政建置	沥海镇	（民国）沥海所志稿	民国
	蒲岐所	明洪武二十年（1387）	清顺治十七年（1660）		蒲岐镇	（民国）蒲岐所志	民国
	三江所	明洪武二十年（1387）	清顺治十七年（1660）		三江村	（光绪）三江所志	清
福建	镇海卫	明洪武二十年（1387）	清顺治十四年（1657）		镇海村	（乾隆）镇海卫志	清
	崇武所	明洪武二十年（1387）	清顺治十四年（1657）		崇武镇	（明）崇武所城志	明
	铜山所	明洪武二十年（1387）	清顺治十四年（1657）	东山县	东山县	（乾隆）铜山所志	清

注：据《卫所志初探》一文整理。

综上，漳州是明代海防的重点区域，也是海防城镇遗存最丰富的区域之一。如第三次全国文物普查中漳浦境内不可移动文物共计 1026 处，其中堡垒类遗存共计 197 项，为沿海地区堡垒聚落遗存最密集区域，海防聚落种类多样，筑城形式丰富、特点鲜明、城防元素健全，是研究海防类城镇遗产的理想区域。

本书通过分析，从地理环境、史料基础、遗产本身的代表性等方面来总结漳州地区作为海防历史城镇案例研究区域的示范性。

① 地理环境的代表性。漳州地处闽东南沿海丘陵台地平原区，海防聚落的选址环境涵盖河口平原及山地、海岛基岩台地、内陆山地、半岛丘陵区等不同类型。

② 城镇建置的典型性。漳州地区的明代卫所及海防聚落建置沿革的类型比较丰富（表 3-25），较其他地区而言，这些建置等级的升降和变迁发展，使其聚落规模也随之具有不同的变化，为我们理解海防历史城镇的概念实质和价值内涵提供了大量实证。

③ 历史文献的丰富性。地方史料和卫所专志为研究当地的卫所城池和海防聚落提供了很大的便利。

④ 遗产类型的唯一性。漳州地区的较多海防历史城镇和海防聚落具有类型的唯一性，如诏安古城和铜山所城等（详见后文）；闽南地区的古堡不但类型丰富、分布密集，且较多古堡个性突出，遗产价值极高。

海防古城镇：基于世界遗产语境的解读

⑤ 遗存现状的代表性。目前漳州地区的海防历史城镇和海防聚落遗产不但遗存丰富，且遗产等级普遍较高，保存完整性较好，物质空间类型和非物质内涵丰富（表 3-26），在遗产特色及现状、保护等问题上具有较好的代表性。

表 3-25　明代海防聚落的建置沿革

名称	原始建置	历史时期建置	现状建置
镇海卫城	卫	军队驻所	行政村
六鳌所城	守御千户所		镇
铜山所城	守御千户所	清代曾为镇、营、汛等，民国时期为行政县城	东山县城的一轴双镇格局的组成之一
悬钟所城	守御千户所		行政村
南诏所城	守御千户所	明清县城	县城
梅洲堡城	官民共建堡垒	军队驻所	行政乡
赵家堡（聚落）	家族聚落	军队驻所	村落组成部分
诒安堡（聚落）	家族聚落		村落组成部分

注：表中内容为作者根据各城镇的相关史料记载及现状信息整理而成。

表 3-26　漳州地区海防聚落主要案例遗产概况

城镇名称	今（文物）名	遗产等级	城镇规模	遗存现状					
				城防元素				城镇物质空间	非物质内涵
				主城城墙（材料）	外城	月城（形状）	水门		
镇海卫城	镇海卫城	国家级文保	周4里有奇（约2300米）	完好（条石）		尚存（半月）	尚存	传统风貌不存	不存
六鳌所城	六鳌城墙	省级文保	周551丈（约1800米）	完好（条石）		尚存（四方）	尚存	仅存部分民居残垣	不存
铜山所城	铜山所城墙	市县级文保	周551丈（约1800米）	大部分尚存（条石）		尚存（四方/含炮位）		部分民居片区尚存	非物质民俗传统文化得以很好延续
悬钟所城	悬钟所城墙	省级文保	周551丈（约1800米）	大部分尚存（条石）	外城片段及烟墩等城防元素尚存	尚存（半月）		仅存部分传统民居	残存片段

城镇名称	今（文物）名	遗产等级	城镇规模	遗存现状					
				城防元素				城镇物质空间	非物质内涵
				主城城墙（材料）	外城	月城（形状）	水门		
诏安古城	诏安县老城	城内省级及市县级文保多处	周3里280步（约2200米）	不存（条石）	无存	无存	不存	古城区传统风貌完好	非物质民俗文化传统、地方宗族社会结构、特色传统建造工艺等传承良好
梅洲堡城	梅洲城堡	市县级文保	约2000米	完好（条石为主，三合土为辅）				传统风貌保存较好	延续
城埯古城	城埯古城/石塔	市县级文保	约1200米	完好（条石为主，三合土为辅）		无存		传统风貌保存较好	延续
浯茂东门城堡	浯茂东门城堡	市县级文保	约1200米	仅存城门（条石为主，三合土为辅）		无存		传统风貌不存	不存
赵家堡（聚落）	赵家堡	国家级文保	约1000米	完好（条石为主，三合土为辅）		尚存（六角形）		古城区传统风貌完好	延续
诒安堡（聚落）	诒安堡	国家级文保	约1200米	完好（条石为主，三合土为辅）				古城区传统风貌完好	延续
康美土堡（聚落）	康美土堡	市县级文保	约420米	大部分尚存（三合土为主，条石为辅）				古城区传统风貌完好	残存片段

注：表中内容为作者根据各城镇的相关史料记载及现状信息整理而成。

因此，本书框定漳州地区的诏安古城、铜山所城、梅洲堡城这三处海防历史城镇，以及赵家堡、诒安堡两处海防聚落为重点案例分析对象，来重点展现三种海防历史城镇或聚落的典型特点。

3.4　本章小结

通过对沿海地区的史地分析和海防城镇遗产现状的分析，本章得出了以下主要结论。

作为一种典型的制度性建设，我国明代的官方筑城具有统一的内在驱动因素。明代在山

海防古城镇：基于世界遗产语境的解读

寇海倭为患的海防形势下，沿海地区的地方城镇，包括行政城镇（府/州/县）、海防卫所城镇等，普遍出现了加筑外城的城防活动，这种普遍活动又因各地地理环境的不同而出现了同一建设目标下的典型区域差异，并形成了类型丰富多样的外城形制，成为我国沿海地区典型的区域特色之一。

作为明代海防城镇的重要组成部分，我国明代的海防卫所城镇，在城池规模上具有非常鲜明的等级特点，即存在"2里之城""3里之城""6里之城""9里之城""12里之城"5个等级。其中2里之城规模最小，3里之城在沿海地区大量出现，是最常规的海防卫所城池；3里之城、6里之城和9里之城之间存在明显等级关系。而明代海防卫所城池的城市平面形态在与其规模相适应的基础上，表现出典型的区域差异。其现状物质遗存亦因各地建造传统和民俗文化特色的不同而呈现明显的区域差异。

在对漳州地区明代海防城镇遗产研究的史地背景和案例研究条件分析的基础上，本书认为漳州地区具有很好的案例研究条件，包括多样的海防城镇遗产类型，丰富的史料研究基础，以及典型的遗产特色，是研究中国明代海防城镇遗产的理想区域。另外，漳州沿海地区明代以来地方传统建造工艺的地区迁移过程，可以为我们更好地认识福建土楼的发展过程提供不同的考察视角。

我们对遗产价值的阐释和分析，必须依托具体的遗产研究案例展开。而海防历史城镇又是海防城镇遗产中的重要组成部分，具有突出的遗产价值。

在前文对史地背景和遗产现状分析的基础上，考虑到研究体量、调研范围等综合因素，本章选定福建省漳州地区，将其空间范围内海防城镇遗产中的海防历史城镇作为主要的案例研究对象，重点选取以诏安古城、铜山所城以及梅洲堡城为代表的海防堡垒，从海防区位、建置演变、形态变迁、类项对比等方面，阐述了行政型、海岛型及堡垒型三种类型的明代海防历史城镇及其遗产特点，并通过与世界遗产名录中同类和近似遗产项目的遗产特点进行横向比较，概括提炼出以漳州地区为代表的中国明代海防城镇遗产的突出普遍价值。

4.1　卫所转县类海防历史城镇案例研究——以诏安古城为例

从前文中明代卫所城镇建置的分类可以看出，先作为海防卫所城池，后转变为行政县城的城池是其中较为典型的一类，诏安古城即属此类。这类历史城镇在建置沿革、城池空间形态、遗产现状等方面有一些共同特点，又有地域差异。对其进行海防历史城镇的相关研究，对认识整个明代海防城镇具有较大意义。

4.1.1　史地背景分析

诏安"西北负山，南东际海，山泽多而膏沃少。五谷所登不足自给，民间糊口半资外运商舶"。同时，诏安地处闽粤之交，与今东山岛、广东南澳岛一起，连接成天然港湾——诏安湾，湾内梅岭地区为重要的外贸港口，北通旅顺、京津，南接南洋，皆可通航。据考证，梅岭的海上贸易起始于晚唐，一度是海上丝绸之路的所经地和停靠港，且"漳之洋舶，先实发于南诏之梅岭。航海商贾视重洋如平地，岁再往还，攘利不赀"❶。

明代（特别是实施海禁）以来，梅岭成为私人海上贸易的重要据点，"私番船只，寒来暑往，官军虽捕，未尝断绝"❷，诚为一方要害，后以吴平、曾一本等盗贼梗阻，才改道海澄（即明代的月港）。

诏安境内江河通海条件优良，东溪至宫口码头段的河运为明代诏安地区的海上贸易提供了较大便利。南诏地处东溪之畔，水陆交通发达。自唐垂拱年间（685～688）至南诏保建立以前，这里已是广东海澄、饶平入闽境的干道，商贾荟萃，车马频繁。便利的交通条件是影响城镇选址的重要因素之一。

促使南诏选址建城的另一大因素是诏安早期的地方治安形势及明代沿海防御形势，邑人

---

❶　陈荫祖（修）·吴名世（纂）.（民国）诏安县志　卷   [M]// 中国地方志集成·福建府县志辑.上海：上海书店出版社，2000.

❷　陈子龙，徐孚远，宋徵璧（编）.明经世文编·卷八十·边方大体事疏 [DB/OL]// 中国基本古籍库.

云："诏之形势，惟山与海。诏之兵制，惟水与陆。其地道险而狭小，山势竭嵘，灌木蓊翳，纷纠盘亘。不逞之徒，陆梁其间，聚粮粮，藏弓弩，伏莽窜发，往往为害。大洋晚礁，寇盗出没，肆其杀略，来如奔狼，去如惊鸟，边徼骚扰，居民苦之。"明代的诏安境内，除联络各地府州县城的官路驿道之外，其他地区大都"大山、长径、茂林、湾溪"，"官府罕至、行旅稀疏"❶，闽粤两地流寇亦出没为祸。

4.1.2 城市形态变迁

（1）城镇建置沿革

由于上述复杂的区域社会形势，远在明代倭乱频生之前，诏安已经面临地方治安混乱及海上小股倭寇来袭的双重困扰。宋代海上贸易繁荣时期，此地已设立沿边巡检寨（表4-1），后历代设官兵屯守，直至明末正式设县。

表 4-1　诏安古城城镇建置沿革

时间	建置名称	建置事件	资料来源
唐	南诏保	唐垂拱三年（687），左郎将陈元光事建漳州，治立行台于四境，命将分戍，四时躬巡。南诏保其一也	《天下郡国利病书》《（康熙）诏安县志·武备志》
宋	南诏场，沿边巡检寨，临海寨	宋为南诏场，置西尉主之，有临水驿。后又为沿边巡检寨，亦曰临海寨	《（康熙）诏安县志·建置志》《读史方舆纪要·卷九十九》《闽粤巡视纪略·卷四》
元	南诏万户府	南诏万户府，俱调官兵屯守	《（康熙）诏安县志·武备志》《天下郡国利病书》
明	把截所	明初为南诏把截所，寻废	《（嘉庆）大清一统志·卷四百二十九》
	南诏守御千户所、捕盗贼通判	弘治十八年（1505），调漳州卫后所官军，置南诏守御千户所	《方舆考证·卷八十一》
		正德十四年（1519），增设捕盗通判，寻废	《（嘉庆）大清一统志·卷四百二十九》
	诏安县	嘉靖九年（1530）设县，遂为县城。南诏千户所与诏安县同城而治。南诏（千户）所在县治东	《（嘉庆）大清一统志·卷四百二十九》
清至今	诏安县	作为诏安县延续至今	《（康熙）诏安县志·方舆志》

---

❶　吴朴. 秘阁元龟政要·卷二 [DB/OL]// 中国基本古籍库.

（2）城市地名由来

关于"南诏"地名的由来，县志载："地名南诏，未知何始……昆明之间有六诏，蒙舍诏并五诏为一，号南诏。相传有使入闽，经此曰：'风景好似我南诏'，名因袭之，荒落不可考。"[1] 按今人考证，"南诏"之名，应在唐代陈元光在此置南诏保（687）之前即已存在，而"并五诏为南诏"的时间在唐开元（713—741）末年，晚于漳州之南诏保的建置时间，印证了当地传说并不可靠，南诏地名由来今仍存疑。

4.1.3　城市发展阶段

南诏其地虽在唐代开始设行台，但城池自元代始筑。自宋以来，诏安古城的城市发展经历了两个大的阶段。第一阶段是内忧外患下的防御筑城阶段，并催生了行政建县的基本条件；第二个阶段是后海防时期的文教兴城阶段，这一时期县城在文教民俗方面有较大发展，出现了具有典型地方传统特色的公共空间。

（1）军事防御阶段——内忧外患下的海防筑城阶段

表4-2为诏安县筑城经过，自明至1937年城墙拆除，诏安古城经历的较大修缮共计13次。其中比较重要的筑城阶段共有4次，即元代首次筑城阶段；明弘治十七年（1504）及嘉靖四十二年（1563）增拓城防阶段，诏安古城的基本格局在这一时期奠定，这也是历代筑城中修筑规模最大的时期，城池同时具备了主城和外城两套城防系统；清顺治十三年（1656）在城池毁弃之后就地重筑，《（康熙）诏安县志》所载城池图即为本次修筑之后的城池面貌（图4-1）。

表4-2　诏安古城的城市建设发展过程

时期	年份	事件	性质	资料来源
宋	不详	置沿边巡检寨，俱土堠木栅		（清）秦炯《（康熙）诏安县志·建置志》
元	至正十四年（1354）	右丞罗良命屯官陈君用，砌筑石城六百四十五丈，高一丈二尺，东临溪，西、南、北依山，凿干濠而已	第一次筑城	同上
明	弘治十七年（1504）	始拓城西偏而广之，砌以石，围一千三百六十丈，高一丈六尺	第二次筑城	同上
	嘉靖十二年（1533）	知县何春首重修	修补	同上

❶　秦炯（纂修）．（康熙）诏安县志（校订本）[M]．诏安地方志编纂委员会整理．2012.

时期	年份	事件	性质	资料来源
明	嘉靖二十六年（1547）	知县李尚理重修	修补	同上
	嘉靖三十七年（1558）	知县龚有成增高城垣三尺，设垛子九百六十二，筑东西南门、月城、敌台五座，虚台一座，窝铺八座，浚濠，深阔各二丈，四周半通海潮	大修，浚城濠	《（康熙）诏安县志·建置志》《读史方舆纪要·卷九十九》
	嘉靖四十二年（1563）	知县梁士楚加筑外城，周围一千二百余丈，筑西关城三百余丈，外内壮固，邑人赖之	第三次筑城，大修	《（康熙）诏安县志·建置志》、《读史方舆纪要·卷九十九》
	崇祯八年（1635）	知县王政岐奉文清浚，拆濠舍数百余间，浚深濠，潮水复通	浚城濠	《（康熙）诏安县志·建置志》
	崇祯十年（1637）	署印通判朱统鈗复增城、浚濠，仍申严禁，不许向后再佃、起盖	浚城濠	同上
清	顺治十三年（1656）	顺治十二年（1655），城为寇所堕。顺治十三年（1656），知县欧阳明宪新建，周六百八十三丈，垛子三百六十六，高二丈七尺，炮台四，窝铺八	第四次筑城，新建城池	《民国诏安县志·建置志》
	康熙六十年（1721）	署令郭愚重修，嗣后屡坏屡修，完固如旧	修补	同上
	同治四年（1865）	匪陷城西北隅，附近城濠民居尽毁，城复，官民相继修筑	局部修补	同上
	同治十二年（1873）	知县汤箴卫修筑完固，清浚濠沟，久且颓壅	修补，浚城濠	同上
	光绪二十八年（1902）	邑绅吴抡元等，禀请知县陈文炜筹款兴工，谕四城内外各士绅，逐段分董其事。越明年，工竣，暂得通城中之沟，而清城下之道路，惟于东北隅可通潮水处，尚辍而未尽修复	浚城濠	同上
	光绪三十一年（1905）	知县王国瑞增筑南门城楼旁舍，以密防守	加固城门	同上
	光绪三十三年 1907	知县万嘉修增设四城门木版，内外重加谨密	加固城门	同上
民国	1937	城墙被拆毁，四个城门砌石坚固，直至数年后才逐渐拆除	城墙拆除	《诏安风韵》
新中国成立后	/	旧城基经多年整修，改建为环形街道	城基消失	《诏安县建置志》
	1981	废壕沟改建阴沟，环城路两旁修建店铺住宅，环城路成为城区街道	城濠改造消失	《诏安风韵》

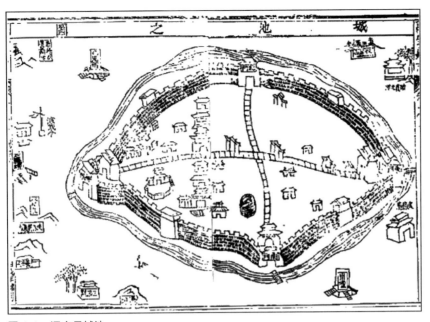

图 4-1 诏安县城池

注：图片来源于《（康熙）诏安县志》。

（2）行政县治阶段——外患平息后的兴学教化阶段

南诏千户所城设立后，城池聚落有了长足发展，至明末已是人烟稠密，舟车辐辏，粮逾万石，户满三千，为海滨巨镇之一，具备充分的建立县城的条件。早在弘治十七年（1504）即有乡民奏请设县治，其后又于正德十四年（1519）、嘉靖二年（1523）、嘉靖四年（1525）等分别奏请设县治。明嘉靖九年（1530），诏安正式设县。诏安县城建立后，在保境安民、教化民众方面起到了重大作用。县志云："诏于漳属为极遐之邑，山川清冽、民气劲悍。""官司难于约束，民俗相习顽梗。"❶《续通志》亦云："漳民喜斗，平和、诏安多纠，乡族持兵戟相向者。"❷县治设立后，文庙、文昌祠等城镇公建相继建立，当地重视儒学教育，以化民成俗为己任，行乡约，教民习文公家礼，并设法抚辑"流贼"，使其皆归本业。经过历任县府的努力，诏安之地民风渐开，人文蔚兴，科第迭出。据当地统计，嘉靖九年（1530）建县后至明末（崇祯十五年，1642）这 110 余年内共中进士者 21 名，中举人者 58 名，远高于明初至建县前 160 余年内的记录（进士 2 名，中举者 7 名），并出现 3 对父子进士和一村三进士的现象。

自明代后期直至清代，城镇建置亦趋于稳定。明代主要的城镇空间要素，都在这一时期形成，如衙署、公建、儒学、文庙等。清代基本完全继承了明代的内城格局，仅在局部有所增补，如将文昌祠移建于城东十字街（今文昌宫处），在城东北建考棚等。

---

❶ 陈子龙，徐孚远，宋徵璧（编）.明经世文编·卷八十·边方大体事疏 [DB/OL]// 中国基本古籍库.

❷ 嵇璜，刘墉等（撰），纪昀等（校）.续通志 [M].杭州：浙江古籍出版社，2000.

概言之，诏安古城虽在元代筑城，但现今的诏安古城格局主要定型于明中后期，与明代闽南地区的区域海防形势具有不可分割的联系。图 4-2 为诏安古城的平面形态变迁。其中明代两次增筑外城及西关城的城市格局，因文献史料缺乏，尚不可详考。图中明代两个时期的城池格局，为笔者结合实地考察情况，参照漳州地区同类行政县城的城池格局，辅以诏安古城历代城周规模的记载，推测绘制而成。

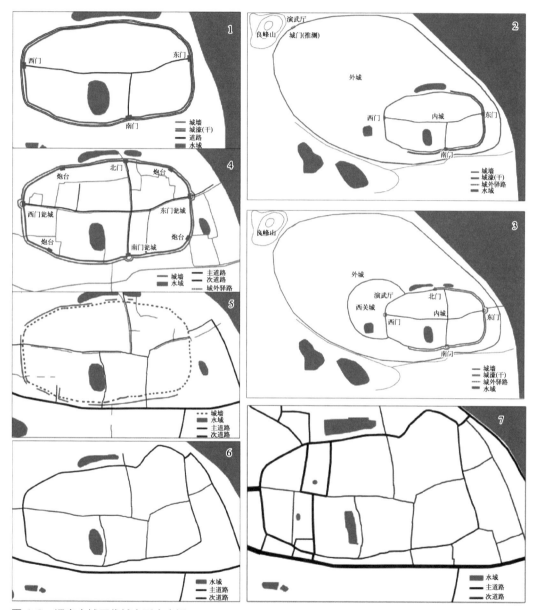

图 4-2　诏安古城历代城市形态变迁

注：图中每幅图片分别代表不同时期城镇的发展规模。1 为元至正十四年（1354），2 为明弘治十七年（1504），3 为明嘉靖四十二年（1563），4 为清道光八年（1828），5 为民国时期（1939），6 为 1978 年时，7 为 1996 年至今。图为作者根据诏安古城址的谷歌图为底图，结合《（康熙）诏安县志》等资料记载内容自绘。

4.1.4 城镇空间特色

诏安古城及周边历史片区风貌完整，具备成为历史城区的基本条件。据诏安县规划局提供的 2004 年城区建筑现状图显示，诏安古城环城路（基本上为古代主城范围）内土木及砖石结构的传统民居建筑约占 70%～80%。再以文物保护单位为例，第三次全国文物普查工作中，诏安县 328 处文保单位（建筑类文保单位 287 处）中，南诏镇 49 处（建筑类文保单位 48 处），其中 45 处分布在诏安古城原城墙内及周边地带不足 1 平方千米的区域；诏安县境内 14 处省级文物保护单位中有 7 处分布在上述区域，包括将数个文物点归并为一项文保单位的明代石牌坊群。古城区内文物数量之多，分布之密集，为 16 个乡镇之首。因此，诏安古城集中体现了诏安地区乃至漳州地区明清古城的历史风貌及地域文化特色。

除此之外，诏安古城在城市街巷空间、民居风貌，以及传统建造工艺和非物质民俗文化上都有自身的特色，下分述之。

（1）街巷空间特色——牌坊街

据当地统计，明清两代在今诏安县境内建立的石牌坊共计 91 座（明代 23 座、清代 68 座），目前仍保存完好的有 13 座，多建于街市要冲，其中 8 座位于诏安古城区内。牌坊种类很多，科举登第、百岁贺寿等性质的牌坊皆有（表 4-3）。现状遗存完好的牌坊基本全为明代建造，位于原城墙范围内的十字街主干道东段。作为诏安古城后海防时期城池发展的物质见证，古街巷及牌坊经过 500 余年的发展，基本原貌保持不变，集中体现了诏安古城的城市特色，1996 年诏安古城的明代牌坊群被列入福建省第四批省级文物保护单位（图 4-3、图 4-4）。

表 4-3　诏安古城范围及周边的牌坊信息

类型	数量	坊名	方位	修建时间	结构	遗存现状
公署牌坊	5	保釐坊	城西北－县廨后	明嘉靖二十四年（1545）		
		文庙坊（文澜坊）	城西南－文庙前	明隆庆五年（1571）		
		崇正学坊	城西南－文庙前	明隆庆五年（1571）		
		育英才坊	城西南－文庙前	明隆庆五年（1571）		
		文昌阁坊	城西南－文庙东	明代		

类型	数量	坊名	方位	修建时间	结构	遗存现状
祠庙牌坊	1	关帝坊	城西－十字街	明天启五年（1625）	单檐歇山式加两坡，3层1间，通高5.5米	保存完好，一侧立柱被西亭庙圈占
科举登第牌坊	4	省元坊	城北－北街	明代		
		夺锦世科坊	城东－十字街	明代	单檐歇山式加两坡，3层3间，通高5米	主体结构尚好，部分构件脱落，西侧开间被民居圈占
		父子进士坊	城东－十字街	明万历十三年（1585）	歇山式加两坡，3层3间，通高9.6米	南侧一间抗战期间被炸毁，部分雕刻件失落，其余部分主体结构完好
		春官邦伯坊	城西南－十字街南	明代	/	主体不存，只剩两根横梁
官员褒奖牌坊	4	天宠重褒坊	城东－十字街	明万历十二年（1584）	单檐歇山顶加两坡，3层3间，通高9.5米	主体结构尚好，南北两间被民居圈占
		诰敕申饬坊	城东－十字街	明万历三十年（1602）	单檐歇山式加两坡，3层3间，通高9.5米	主体结构尚好，但坊整体被民居圈占
		囧卿饬典坊	城东－十字街	明代	单檐歇山式加两坡，3层3间，通高9.2米	主体结构尚好，坊匾及部分构件失落，东西两间被民居圈占
		世恩坊	城东北－东北街	明代		
贞节孝义牌坊	6	恩荣坊	城南－南关外	明代		
		贞节坊（1处）	城东－塘东桥头	明代		
		孝节坊（1处）	城东－十字街	清乾隆四十四年（1779）	单檐歇山式加两坡，3层，通高6米	主体结构尚好
		孝节坊（1处）	城外－先农祠前	清嘉庆十八年（1813）		
百岁贺寿牌坊	2	百岁坊	城北－北关内	明万历八年（1580）	单檐歇山式加两坡，3层3间，通高5.5米	主体结构尚好，中、北两间被民居圈占
		期颐余庆坊	城外－先农祠之东	明代		
		贞节坊（2处）	城外－先农祠之东	清嘉庆六年（1801）		

注：表中涂灰的部分为今仍存的牌坊。以上信息均来自《（康熙）诏安县志》及《（民国）诏安县志》等资料。

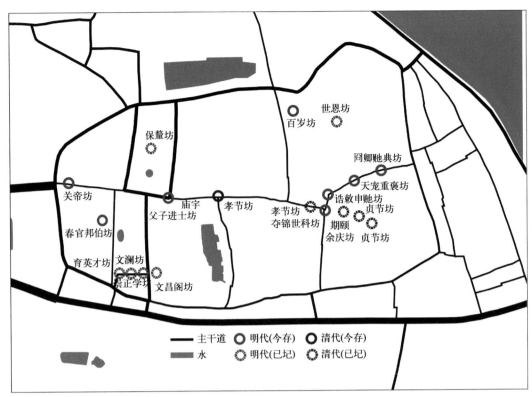

图 4-3　诏安古城内的牌坊分布

注：图为作者根据诏安县城乡规划建设部门提供的诏安城区 CAD 图为底图自绘，图中文物等信息的资料来源为诏安县文物部门。

图 4-4　诏安古城内的牌坊与街景

注：图为作者现场调研时自拍。

（2）传统聚落肌理——宗祠

诏安古城是在明代闽南地区抗倭战争中各地城池遍遭荼毒的情况下，在局部战争中保持胜绩并且主城保存完好的极少数城池之一，究其原因，在地利和人和两个方面。一是元代所筑城池及明代新加筑的外城，在抗倭期间起到了首要作用，此为地利；二是地方宗族的雄厚财力和强大号召力,在组织有效的城市防御力量方面起到了关键作用,此为人和。

据当地统计,诏安县境内约占 75% 的人口为晋代以来南迁的汉人后裔。唐时陈元光命部将于南诏保"分成其地",现在诏安古城内绝大部分居民是彼时将卒及其家属后裔,诏安现有的十余个大姓氏均奉其为祖先。这些汉人南迁后多按姓氏聚集而居,在城内逐渐形成了不同居住片区。

现诏安古城区传统民居建筑密集,而这些民居又大部分以宗祠和支祠的形式存在。宗祠的数量和密度远远高于其他同类卫所的城池现状遗存,即便与漳州地区的上级行政城池现状相比亦不逊色,是诏安古城区民居肌理的一大特色。仅以原城墙内的区域范围为例,据笔者现场调研结果,可确定为宗祠者 26 处,可能是宗祠者近 40 处,其面积接近传统民居总面积的 1/3,仍不排除其他民居亦为支祠的可能,可见其盛(图 4-5)。另外,诏安古城原东门及南门外片区,仍零星分布有大量宗祠,部分大姓宗族祠堂支系或地名的分布,可以很好地显示出当地宗族集聚和迁移情况,为研究宗族谱系脉络及其空间分布等,提供了很好的物质基础,如诏安最大的姓氏沈姓以诏安城东门片区为聚居点之一,后举族迁居于南门外,但仍沿用了原居住点旧名,称"东城村"。

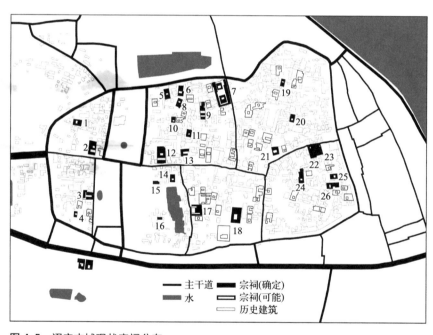

图 4-5　诏安古城现状宗祠分布

注:图为作者根据诏安县城乡规划建设部门提供的诏安城区 CAD 图为底图自绘,图中宗祠等信息的资料来源为作者根据现场调研情况自行整理。

(3)传统建造工艺与非物质文化民俗

最能代表诏安地区民间传统建造工艺的应属"剪瓷雕"。诏安县的陶瓷工艺历史悠久,目前考古发现,距今 7000 多年前的新石器时代的贝丘遗址含大量印纹陶器、陶纺轮,这些足以

109

证明该地制作利用陶瓷的历史之久。宋元以来县内瓷器业兴盛，深桥镇双港村的肥窑，赤水溪村的侯山窑等宋代瓷窑遗址，以及明代秀篆的上磜、埔坪，官陂的上官碗窑，霞葛的下河等都是比较有名的瓷器产地。据福建省博物馆和厦门大学人类学系的考证，诏安县有宋、元时期的古窑址多处，包括深桥、太平塘山、官陂龙江山和西潭侯山等古窑。大量窑业生产的余料和废料为该县的剪瓷雕工艺提供了丰富的原料。

"剪瓷雕"，又称"色瓷剪雕"，约于明朝以来受到南洋之风影响，逐渐流行于闽南、粤东一带，其工艺所用主材为日常瓷器的边角料（"铰碗料"），多用于等级较高或者功能重要的城市公共建筑（如寺庙宫观、牌楼等），及宗祠等重要民居建筑的屋脊、墙头、垂拱头、悬山掩板等部位的细部装饰。其建造工艺流程考究，先以成分包含石灰、蛎螺壳灰、细砂、麻绒和糯米糊等的灰浆塑成泥胎，胎体内暗藏铁丝为骨架。诏安地区亦以"糖水灰"和红瓦块雕造骨架，待坯体成形后，再根据雕塑主题的需要，由工匠现场施工即兴制作，剪取不同色彩的瓷片，用红糖水或糯米水作为黏合剂，粘贴在泥坯表面，泥坯的造型各异，有花卉、鸟兽、龙凤、人物，还有戏剧故事情节的表现，造型生动、精巧玲珑、色彩艳丽，经历百年风雨而色质不变，与闽南传统民居色调相互协调，具有鲜明的地方特色（图4-6）。

图4-6 诏安古城内武庙屋脊上以民间戏曲为主题的繁复的剪瓷雕造型及其细部

2011年"诏安县剪瓷雕工艺"被列入第四批省级非物质文化遗产项目（传统技艺类）。从笔者走访的漳州地区的城镇建筑来看，虽然漳州市"东山县剪瓷雕工艺"同被列入福建省第二批非物质文化遗产项目名录（传统技艺类），但漳州地区的剪瓷雕工艺当以诏安地区用料和工艺最精，属漳州地区剪瓷雕工艺之源流。更为难能可贵的是，目前剪瓷雕工艺仍是活的非物质文化遗产的重要组成，在诏安地区的少数工匠之间流传，在诏安县文体局紧急抢救保护的非物质文化遗产项目中，"沈氏艺圃家族剪瓷雕"保护成果等展示活动及保护示范点的展示居其首。

除剪瓷雕工艺外，诏安县城区周边目前仍保留原始的手工艺制作技艺场所，如诏安古城东关外的灯笼街为纸扎、潮绣、剪纸等工艺品的集中地。诏安县的特色民俗活动亦有中国传统武术表演、"公背婆"等，尤其是端午"贡王"活动，为目前独一无二的民俗活动，显示了诏安移民文化的深厚渊源，即使与漳州其他地区的类似活动相比，也独具特色。

另外，诏安古城内的传统民居在院落布局、建造方式和材料上也有自身特色。等级较高的祠堂、庙宇建筑对于场地选址、建筑布局有特别的讲究，通常以"下山虎式"（单进）、"四点金式"（二进）、"七包山式"（三进）、"五马拖车式"（五进）为固定的建筑布局式样；建筑山墙脊端（当地称"厝头颅"或"厝角翘"）按照金、木、水、火、土命名为不同式样的"星头"，并按照建筑类别区分适用场合，如普通民居建筑以抗风雨能力较强的木星头为数最多；祠堂、庙宇以火星式为主。民居建筑的屋面多采用沿海地区的抗台风能力较强的半圆筒形覆瓦等。

4.1.5　类项比较研究

4.1.5.1　作为卫所城池的南诏城

明代漳州地区的卫所共计5处：镇海卫、六鳌所、铜山所、悬钟所、南诏所，六鳌所、铜山所、悬钟所这三个千户所由镇海卫统辖。南诏千户所属漳州卫。从设所时间上即可看出明显不同，南诏千户所城的设立是基于明弘治至嘉靖年间漳南地区海防形势的实际需求。

在城池选址方面，前4处卫所均位于岸线前沿的半岛及海岛地区，有利的海防区位成为城址选择的首要条件。这4处卫所城池周边环境亦以山地丘陵为主。相比之下，明代南诏城地处河口，城周地势开阔，山地较少，明清以来河口地区逐渐淤塞，遂成为远离岸线的城池。城周河网发达、农耕条件优越，为聚落发展创造了良好的条件。城周边地理环境的差异，导致城池平面形态和空间格局有较大差异。南诏古城是漳州地区5处卫所城池中唯一一个主城城郭相对规则的所城（图4-7），城外有濠。其他4所则均为依山而建，环海为濠，山势强烈地影响到了城郭形式、城内道路格局及民居肌理的分布，整个城池布局自由灵活。城内生活水源缺乏也是山地卫所的典型特点之一，至今铜山所城内依然将山泉水作为城市生活用水的来源之一。

在城池修筑时间及过程上，与同属诏安县境内的铜山所城、悬钟所城相比，后两者均系明洪武年间一次性完工，如悬钟所，"所城建自明初，勋臣奉命以主其事，百堵皆兴，万民子集，功成不日，固易易也"；南诏所城则"始以木栅木堠，继易以石，渐次开拓增修，规制粗备，经之营之，历数百年拓城、增城"❶而成。与此相对应的是，诏安古城的城内聚落也经历了自唐至明以来的长期历史积淀，才形成现状中富有特色的宗祠密集区。

---

❶　秦炯（纂修）.（康熙）诏安县志（校订本）[M].诏安地方志编纂委员会整理.2012.

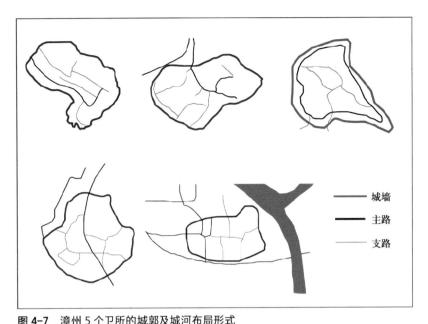

图 4-7　漳州 5 个卫所的城郭及城河布局形式

注：图中从上至下，从左至右分别为铜山所城址、悬钟所城址、六鳌所城址、镇海卫城址、
　　南诏所城址。图为作者根据各城址的谷歌航拍图为底图，结合现场调研所获信息自绘。

就城池建置演变过程看，诏安古城早期聚落的发展，奠定了建县的条件，因而自明末以来，城池得以延续，这是其他四卫所不具备的优势。镇海卫城、六鳌所城在清代俱废，清初沿海地区的迁界又对六鳌所城、铜山所城等带来了毁城的命运，六鳌所城从此一蹶不振。直到今天，随着城镇化的加快，六鳌古城内少量的居民已经陆续迁到山下，城内徒剩荒烟蔓草。以村落形式存在的镇海卫和悬钟古城，其遗存现状和保护问题都不容乐观。

沿海地区的卫所转县类城池中，以上海地区的分布最为密集，本书对上海地区的金山卫（金山县）城、吴淞所（宝山县）城、青村所（奉贤县）城、南汇所（南汇县）城为例，进行类型对比研究。

从行政建置的演变看，沿海地区卫所转县类的城池是明清时期对海疆地区的行政经略逐步加强的表现。原有府州县范围过大，导致中央集权难以有效深入地控制该地，因此县城的最终建立是明代以来沿海地区行政建置密度加大的必然结果，与人口增加、经济发展等因素亦有关系。清代的卫所裁撤制度，即是将明代独立的海防卫所城池纳入地方行政管理和财税体系的过程。上海地区的金山卫、吴淞所、青村所，地处繁庶的长江中下游冲积平原地区，虽然不如诏安那样具有便利的海运和区域交通条件，但优越的农业经济发展环境促进了聚落的不断壮大，并最终全部纳入地方行政县城之列。

从城池平面形态和空间布局看（图 4-8），虽然同处于河口地区，但上海地区的卫所城池与诏安古城表现出来的区域特点完全不同，上海地区以规整的方形平面为主，诏安古城布局较之则更为灵活。在城内街巷空间格局上，十字街的道路布局是两地区的普遍形态。

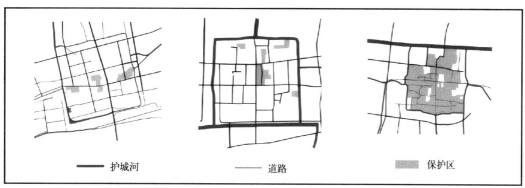

图 4-8　上海地区的卫所城池轮廓及传统民居肌理遗存

注：图中从左至右分别是金山县（金山卫）城址、南汇县（南汇所）城址、奉贤县（青村所）城址。图为作者根据各城址的谷歌航拍图为底图，结合现场调研所获信息自绘。

从遗存现状看，上海地区的 4 处卫所均处于高度城镇化的中心城区，城镇快速化发展已导致古城遗存所剩无几。如金山卫城除城郭完好，护城河尚存外，城内传统民居肌理基本不存。由此可见诏安古城作为卫所转县类海防历史城镇的典型遗产价值。事实上，诏安古城也是整个明代沿海卫所转县类城池中唯一一座保存完好，并且城镇传统生活和非物质文化得以完好延续的海防卫所古城。

4.1.5.2　作为行政县城的诏安古城

明代时诏安古城成为漳州地区的行政县城，以此为例，漳州地区的地方城池，无论是行政建置城池（府州县城池），还是军事建置城池（卫所城池），都以外城数量密集、形式复杂和多样为特点。前面第 3 章已有详述，此处不再赘述。

4.2　堡垒型海防历史城镇案例研究——以梅洲堡城为代表的漳南堡城为例

在明代沿海防区内，除了海防卫所城池之外，以浙、闽防区为主的南方沿海分布了大量民间自筑或官民共筑的海防堡垒。有学者指出，明清时期江南地区除因经济特性而大量发展外，明代江南沿海地区因倭患而兴建的大量城堡，在人口集聚过程中逐渐诞生了集防御、生产等多种职能的堡垒型城镇，并具有经济特性，是明中叶以来江南地区别具一格的城市化新格局，其虽未列入官方城镇建置，但已具备了城镇的规模和职能，属于实质意义上的城镇。这类海防聚落亦是海防历史城镇的重要组成部分。

另外一些不具备足够规模和复杂社会职能的小型海防聚落，虽不属于历史城镇，但其在聚落环境、建造材料和建造工艺等多方面借鉴了海防卫所的特点并做出了较大创新，是明代沿海地区海防地理实体的重要组成部分。

113

本节以明代漳州地区的海防堡垒（城堡、土堡、楼堡）为对象，试图阐述明代官方海防城镇体系，及广大民间海防聚落的典型特色。

4.2.1 "堡"的分类及特征

堡垒聚落或建筑（群）并非闽南地区特有的建造形式，但堡的内容在这里却体现得极为丰富。按照堡的营建者划分，大致有官方修筑、民间修筑及官民共筑之分；按照堡的规模和材料等因素划分，则可分为城堡、土堡、楼堡（土楼）等不同概念。此外，较多堡垒聚落或建筑以"寨"相称。在方志记载及民间称谓中，城、堡、楼、寨等多种概念也常常混同使用。这也说明不同概念所对应的实体存在着互相交叉的地方。

按当地文物专家的分类，闽南地区的堡垒大致可分为城堡、土堡、楼堡三类，这三类在规模上有很大不同，以福建省漳浦县的梅洲堡（城堡）、诒安堡（土堡）和永安市的安贞堡（楼堡）为例，梅洲堡占地面积约 17 公顷，诒安堡占地面积约 7 公顷，安贞堡占地面积约 0.6 公顷。城堡具有常规城池的规模特征，土堡为小型家族聚落，楼堡具备了民居建筑（群）的特征，同时又加入大量军事防御元素，从而区别于当地传统的民居，但又不等同于一般意义的城池。从本质上讲，楼堡属于建筑单体或建筑群，而不属于聚落。按照第 2 章的有关定义，"城堡"应属于本书海防历史城镇的研究范畴。就营建主体而言，城堡多为官方与民间力量共筑而成，土堡和楼堡多为民间自筑，其中土堡往往由个别财力雄厚的族长主持建造。

从修筑材料看，官方参筑的城堡材料等级较高，城堡主体由条石砌筑。土堡、楼堡以三合土夯筑结构为主体，仅在局部用石材加固，当然，土堡类中亦有大量土石相间的结构，视营建者的财力而定。

实际上，在漳南地区，城堡、土堡、楼堡三种类型的界限并不十分明确，他们彼此之间存在很多交叉，如在建造材料和建造方式上，部分财力雄厚的民间筑堡具有媲美官方城池的实力；在形制上，城堡、土堡均大量借鉴了官方筑城的手法。土堡与楼堡之间也存在一些复杂的交叉，土堡中存在沿内墙修筑房屋，以堡墙为房屋后墙的情况，这正是楼堡的做法。在一些民间修筑的堡垒中，还出现了两种及以上堡垒形式嵌套的做法，典型的如赵家堡和诒安堡，其整体为土堡，堡内另有用于临时避难的楼堡建筑（如赵家堡的完璧楼），而赵家堡又是从楼堡逐步发展成土堡的典型例子。

4.2.2 "堡"的史地背景分析

（1）民间筑堡是官方防御体系的有效补充

明代沿海倭患始于十四世纪末，加上部分反明武装和海盗在中国沿海各地进行骚扰抢劫，一度深入内地，烧杀掠夺，为患深重，前后持续了二百六十余年。明朝虽于洪武初期就在沿海经营修筑海防城池，地方行政城池亦兼具防御职能，但地方府州县城及海防卫所城池发挥的作用毕竟有限，无法全部顾及广大郊野地区的村落，方志云："县卫之城在数十里之内，而乡鄙之民，散在数十里之外，仓卒闻贼，扶携莫及，人畜辐辏，乌能尽容。"● 明中后期倭患最严重时，闽南海防卫所城池多被倭寇袭陷，漳州地区的镇海卫城、悬钟所城、铜山所城均有被倭寇破城的记载，在明政府无力组织全面有效的地区防御的情况下，民间开始大量修筑堡垒（土堡、土楼）用以自卫，"一旦有急，猝城中之民独享其利，虽义在急公，然莫保其私，则散入乡，各自堡之为安也"。一位明代将领上表的海防策论云："土堡诚设，则坚壁清野，贼之至也，将无所掠为食。以攻则难，以守则馁，弗能久居，势将自退。乡兵诚练，则或迎其来，或蹑其区，或击其惰，或捣其虚。其攻也，手足足以相卫；其守也，声势足以相倚。贼将望之□栗，又孰敢承？此诚防御之长策也。"又云："坚守不拔之计，在筑土堡，在练乡兵。"民间堡垒和自卫力量发挥的作用可见一斑。在抗击倭寇的正面战场上，海防堡垒成为官方防御力量的有效补充。

漳州地区的堡垒从出现到高潮，也经历了一个过程，即从最初个别堡垒在抗击倭寇中起到示范效应，后逐渐在民间大规模推广，防御效果日益明显。史料云："方倭奴初至时，挟浙直之余威，恣焚戮之荼毒，于时村落楼寨，望风委弃。而埔尾独以蕞尔之土堡，抗方张之丑虏。贼虽屯聚近郊，迭攻累日，竟不能下而去。当是之时，一兵莫援，一镞莫遗，冲橹逾垣，而摧陷如破荻蒿，近竭，而渠首受伤。虽有天幸，亦缘地胜。自是而后，民乃知城堡之足恃。凡数十家聚为一堡，寨垒相望，雉堞相连。每一警报，辄鼓铎喧闻，刁斗不绝。贼虽拥数万众，屡过其地，竟不敢仰一堡而攻，则土堡足恃之明验也。"●

明嘉靖年间倭患日甚，促使漳州沿海地区民间筑堡活动高涨，"漳州土堡旧时尚少，惟巡检司及人烟辏集去处设有土城，嘉靖辛酉年以来，寇贼生发，民间团筑土围、土楼日众，沿海尤多"❷。漳州地区的官方部队也较多地参与了堡垒修筑，其"于外则核出海之兵、申水寨之警，于内则修葺土堡"，于是形成了大量官民共筑的堡垒。个别城堡或土堡由于海防地理区位优势等，明后期或清代被官方占用，典型的如赵家堡，其地处湖西盆地与沿海要冲接壤，清初迁界后，土堡成为游击守营常驻地。

另外，漳州南部位于南方丘陵地区，地形复杂，历代少受大规模战争影响，但海盗与地方山匪袭扰，及村落或宗族间的争斗成为地区社会矛盾的主因。在这种情况下，民间大量筑堡自卫成为一种普遍趋势，福建沿海地区几乎达到村村自建、族族自建的地步，并一直延续到清代。清代以来，由于海防形势的缓和，各地宗族间的矛盾成为清代第二次土楼建造高潮的推动因素，这同内陆边塞地区（如长城沿线）修筑的堡垒性质有明显不同。

明代地方政府也认识到了官方能力有限，无法满足广大乡村地区的防御要求，即"贼至不能攻，坐视诸镇残毁而不能救"，对此，明代官方一方面大力督促各地修筑城堡，"令海防府

❶ 李猷明（总纂）. 东山县志民国稿本 [M]. 东山：福建东山县印刷厂，1987.
❷ 顾炎武. 天下郡国利病书 [DB/OL]// 中国基本古籍库.

佐巡行诸堡，号召居民实粟城内，无事散处田畴，尽力农亩；有事悉入城堡，坚壁清野，以待其毙；兵民杂守，而专练精熟。若遇寇突击，诸堡互相应援，贼进无所掠，退无所据"❶。另一方面，对民间自愿筑堡行为持鼓励态度，"许乡社择便筑堡，以防不虞，以固民生"，如对赵氏修造赵家堡，以"修堡捍卫，造福一方"的申请，漳州府批复，"蒙署县理刑馆萧看得：倭情叵测，桑土宜周，矧值承平日久，土堡颓坏，倘遇警息，其何赖焉，今赵义所呈给示，修堡防守，喜事也，拟应俯从"。

民间筑堡在模仿官方筑城的同时，又加入了较多福建民居的元素，形成各式各样的防御形态，如土堡、土楼、山寨等，构成了福建地区特殊的建筑文化现象。

（2）民间海防堡垒与福建土楼的渊源关系

闽南地区的土楼（即楼堡建筑）古已有之，早在明代倭患加剧之前，就已存在并有所发展，而其修筑高潮时期则是在明代。福建漳州、永安一带保存了许多规模宏大的古代城堡，这些堡垒大多是明代前后为防倭寇而筑。

从闽南地区生土建筑的发展脉络来看，嘉靖前后的倭患加剧是导致当地"土楼日众，沿海地方尤多"的主要因素，漳浦县当地考古工作者经过实地调研和对史料的研究也确认了漳州地区沿海一带在明代的堡寨分布尤其众多。这些土堡和楼堡基本上都是海防堡垒，如 "（东山县）各土堡，……大抵在明时先后建造，用以防倭寇与海盗也"❷。清嘉庆之后，沿海一带的楼堡逐渐减少，乃至不建，转而向石榴一带与平和交界的内地山区发展，形成了楼堡发展脉络从沿海到山区的过渡。

沿海地区土堡与楼堡的材料和建造工艺是借助贝壳灰实现的。以漳浦地区为例，漳浦县有二百多公里的海岸线，贝壳资源丰富，所以沿海地区极少单纯用生土夯筑楼堡；县境西北侧的石榴、南浦、盘陀一带，则因较为贫困、交通运输不便，较多采用生土结构，或者外墙用三合土，内隔墙用生土，全视经济能力而定。

可见，沿海地区的土堡和楼堡是福建土楼的重要组成部分，当地以贝壳灰为主的三合土夯筑技术，在随着楼堡从沿海传入内地山区之后，又从客观上促进了当地生土夯筑技术的发展，最终闽西南地区的楼堡建筑普遍采用生土夯筑技术。

（3）明代漳州地区海防堡垒类遗存的分布

漳浦县是今漳州地区堡垒遗存最丰富的地区，各类古堡数量密集、分布广泛。据漳浦县文物工作者在20世纪90年代的不完全统计，漳浦县的古堡（包括城堡、土堡和楼堡）就有200余座，考虑清代迁界时的大量折损，明代漳州境内的堡垒更多。

漳州沿海市县第三次全国文物普查的最新统计资料（表4-4）显示，漳浦县境内堡垒

❶ 郑若曾（编）. 江南经略·吴淞所险要说 [DB/OL]// 刘俊文总纂. 中国基本古籍库.
❷ 李猷明（总纂）. 东山县志民国稿本 [M]. 东山：福建东山县印刷厂，1987.

类遗存与不可移动文物总数（1024 处）均为最多，其次是云霄县。不过在明代遗存中，漳浦县的城堡和土堡数量相对于楼堡而言比例较低，而云霄地区的明代城堡和土堡比例较高。

表 4-4　第三次全国文物普查中漳浦县文物保护单位名录内堡的概况

类别	龙海市			漳浦县			云霄县			东山县	诏安县
	明	清	总计	明	清	总计	明	清	总计	明	不详
城堡	3		3	9	11	20	6	7	13	1	3
土堡				4	7	11	2		2	1	
楼堡	2	14	16	23	109	132	9	44	53		32
寨		1	1	12	15	27					4
共计	5	15	20	48	142	190	17	51	68	2	39

4.2.3　官方参筑城堡的特色——以梅洲堡为例

在城市选址、营造等方面，民间参筑的海防堡垒在多方面体现了绝佳的自然地理环境和有意识的人为规划的完美结合。其城周环境和道路交通方式，都集中体现了民间力量在选址和筑城时的想象力和创造力，以及筑城理想在现实环境中的较好贯彻，这都是官方筑城所不具备的特征。

（1）城堡选址

梅洲堡城的海防区位和城周边地理环境与历代尤其是明代以来海岸线变迁有密切关系。梅洲堡城址所在地，今称"鸡笼山"，《（乾隆）铜山所志》中有四都之"莲花山"的记载，应为此山。明代建堡时，鸡笼山是地处诏安湾的内侧、梅溪入海口处的孤山，四周水域环绕，从今梅洲乡最高的山峰"崭山"（位于今梅洲堡南，海拔 476m）山顶远眺海口，鸡笼山随着每日潮水涨落而若隐若现，宛若一朵莲花浮在水中，故名"梅洲"，亦称"莲花地"。时至今日，"莲花地"的说法仍在当地流传，不但为老辈人熟悉，也为青年人所知晓。今梅洲堡城周边虽已成陆地，但梅溪及周边大量水体及水体遗迹仍清晰可辨（图 4-9），亦可确认当时的地理环境。可见，梅洲堡扼守当时的入海河口，地势相对险要，具有较好的防御区位和筑城条件。

（2）交通规划

古人在鸡笼山的地利基础上，进行了精心的聚落规划，尤其是道路交通方面独具特色。图 4-10 为笔者根据现场调研情况抽象还原出来的梅洲堡城道路交通规划理想平面图，堡城城墙依山而建，城内聚落结合山体走势，大体以山顶为圆心，呈放射状分布，而城内的道路交通亦结合自然地势，尽量做到平行于等高线，由下层拾级而上直至山顶，形成了局部环路加放射状支路的道路通行网络。由于地势险峻，城内的二级道路曲折迂回，无法完全贯通，因此所有的交通均需借助内环路这个一级干道来通行，城外四周受水域限制，亦以城外环形道路为主。堡城周边变成陆地后，又在长期的聚落发展过程中，逐渐生成了城外的环路与放射状道路相结合的道路网络。

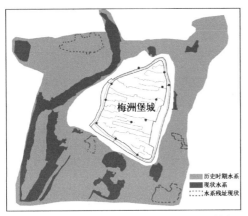

图 4-9 明代建堡初期梅洲堡的城周地理环境复原图

注：图为作者根据梅洲堡城的谷歌航拍图为底图自绘。

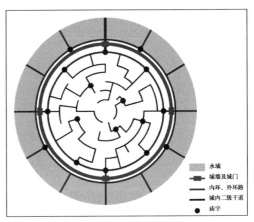

图 4-10 梅洲堡城的道路交通理想平面图

注：图为作者自绘。

（3）信仰空间

民俗信仰空间与城池道路交通体系的结合是梅洲堡的又一大特色，在理想城池道路规划的基础上，梅洲堡在长期的发展演变过程中，地方宗教、民俗信仰等文化与城市道路交通相结合，缔造了富有韵味的城市空间节点。图 4-11 为梅洲堡内的主要祠庙分布图，城内的民间信仰虽多而繁杂，但人们不约而同地选择在城市道路交叉口、城门等重要的交通节点上建庙，庙宇规模大小及祭祀神位的数量皆不限，这种空间节点无论大小如何，均成为城内居民日常生活和社会交往空间的重要组成部分。

实际上，这种非物质的民间信仰与城池交通节点相结合的实例，不独见于梅洲堡，在漳州南部的民间城堡和土堡中大量存在，以漳浦县的民间筑堡为例，宜隆城、大坪城、万安堡、赵家堡等皆存在城门节点处设置庙宇的实例，由于交通和用地限制，这些庙的规模通常不大，往往为单进单开间建筑，祭祀神位也多为土地等地方守护神或关帝等战争守护神（表 4-5）。

表 4-5 漳浦县境内民间筑堡的庙与交通的关系

名称	庙所在位置	祭祀神位
宜隆城	城门楼	协天大帝
人坪城	城门楼	开漳圣王　羊帝
诒安堡	城门楼	不详

名称	庙所在位置	祭祀神位
刘坂城	城门外	土地、关帝
万安堡	堡正门北	保生大帝
埭厝城	城门内侧	原祀关帝，后改玄天上帝
黄家寨	城内内侧	土地、关帝

注：表中资料为作者根据现场调研情况整理。

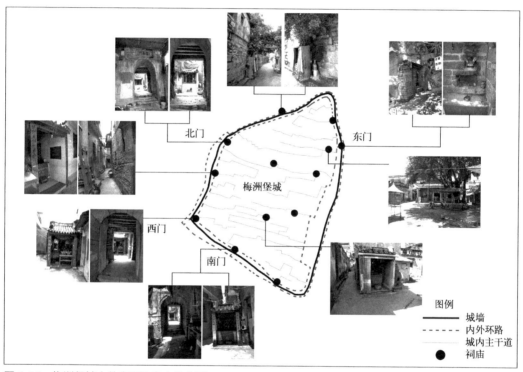

图4-11 梅洲堡城内外交通及寺庙分布图

注：图为作者根据梅洲堡城的谷歌航拍图为底图自绘。

此外，梅洲堡内的排水系统也经过精心设计，既照顾到了城内山体高差，又为之后聚落规模扩展预留了足够的空间，直至今天其排水系统依然能很好地满足排涝和城内基本生活排水需求。

4.2.4 民间堡垒聚落的特色——以赵家堡和诒安堡为例

本节的堡垒聚落指的是堡垒类海防聚落中的土堡和部分楼堡，如漳浦地区的赵家堡和诒安堡。它们不属于本书所涉及的海防历史城镇的范畴，但作为典型的海防聚落，除具有海防历史城镇所具备的一些特点（如建造材料和建造方式等）外，作为民间自筹经费并规划的家族聚居式海防聚落，在多方面作出了大胆的挑战和创新，因而在城池空间、防御工事、市政设施等多方面都表现出了许多官方修筑的海防历史城镇所不具备的特征，可以为我们更深刻地理解明代漳州南部的海防空间实体提供很好的视角。这些海防聚落也是明代沿海地区海防聚落的主要组成部分。所以本书以赵家堡和诒安堡为例，来说明这些民间堡垒的特色。

赵家堡和诒安堡分别建成于明万历四十七年（1619）和清康熙二十七年（1688），均为小型的家族堡垒，2001年赵家堡与诒安堡同时被列入全国重点文物保护单位，由于在构筑形态等多方面彼此相似，两者并称为湖西乡的姐妹堡。

（1）建堡环境

赵家堡和诒安堡位于今漳浦县中北部的湖西盆地，四周群山环抱，诒安堡建于某河流南侧的小型台地上，地势相对平坦；赵家堡建造于盆地东部硕高山下，东南为低丘（平均海拔50～100m），西北为连绵起伏的群山，有官塘溪东流入海，溪前冲积平原为其提供了良好的农耕条件。两者在自然环境的勘察和城堡的选择上，都充分考虑了四周地形和城防条件，以及周围的水源和耕地等农业生产条件，为家族的避乱和繁衍创造了良好的空间（图4-12）。

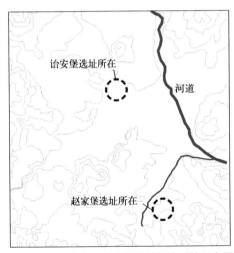

图4-12 赵家堡和诒安堡城址周边环境示意图
注：据漳浦县文物部门提供的底图自绘。

（2）修筑背景

诒安堡和赵家堡精妙的堡垒修筑手段，与修筑者的家世背景有密切关系。诒安堡的建造人黄性震系清代名臣，早年追随郑氏，后归顺清政府，为清廷收复台湾作出突出贡献。《福建通志》载："性震于闽安要冲，澎台形势，凡港汊险易、岛屿出没及战情向背，一一熟悉于胸。久之，谒闽督姚启圣于军门，条平海十便。姚用其策，相与密谋，遂平台湾。"❶可见其丰富的战争经验，推测其对防御和筑城均不陌生；后黄氏奉为佥事，又擢广西按察使，湖南布政使等，再后来又总理京师永定河河务，工竣，晋太常寺卿，积累了丰富的从政和工程修筑经

验。在诒安堡的修筑上，黄氏得以借鉴和吸收了大量官方城池的修筑手法，又在细部上灵活创新。赵家堡既为海防堡垒，又以赵宋皇室后裔聚集地而著名，其后人赵范、赵义（字

---

❶ 孙尔准等（修）. 陈寿祺等（纂）.（道光）福建通志 [M]. 清同治十年（1871）福建正谊书院刻本.

公瑞）等均在明代致仕，有着丰富的从政经验和较强的经济实力。在堡垒修筑上具有借鉴、模仿官方筑城的条件。

诒安堡自清康熙二十六年（1687）三月十日始建，历时十五月，属于一次性完工的堡垒，可见建造者不但财力雄厚，而且事先有着完整的规划设想。相比之下，赵家堡的建造过程较长，事先缺乏统一规划，属于分期筑造，"楼建于万历庚子（1600）之冬，堡建于甲辰（1604）之夏，暨诸宅舍，次第经营就绪，拮据垂二十年"。据史料载，赵家堡先后经历三次修建、扩建。最初是由赵氏后人赵若和从积美（今龙海市境内）迁居至今漳浦县湖西乡硕高山下，建"完璧楼"（楼堡）隐居，而完璧楼外围的内堡（所谓"一重城"）具体修建时间不详，推测与完璧楼同时或稍后修筑；万历庚子年（1600），赵若和九世孙赵范开始第二次营建，重建了完璧楼和内堡，并在内堡外围增筑府第，此即二重城；万历四十七年（1619），赵若和十世孙赵公瑞完成扩修工程。现存城堡即第三次扩城的结果（图4-13）。（注：根据《赵家堡的传说》中的记载，第二次扩城的主要工程是将北墙的墙基向外扩展五丈，原来的北城墙墙基成了一条横跨荷花池上的长堤，第二次修建的城墙基址应为此堤）。

（3）规划理念

因为建造者具有丰富的军事和城防经验，诒安堡的建设贯彻了前瞻性的规划理念。该堡垒在建筑工艺上反映了闽南地区同时代堡垒建筑的较高水平，其基础设施和城防工事设计独具匠心。

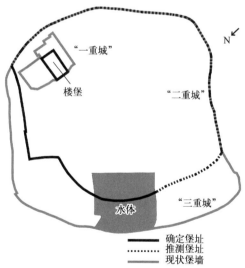

图4-13　赵家堡建造布局扩展过程
注：图为作者根据赵家堡的谷歌航拍图为底图自绘。

首先，堡垒体现了重规划而轻建筑、重整体而轻民居个体的规划理念。堡垒的主体规划设计主要体现在基础设施及城防工事上。在民居建筑上，没有像其他乡村民居那样在材料和细部建造上极尽奢华，民居的建造经过事先统一规划，以"凹"字形的三合院民居为基本建造单元，嵌入棋盘网状的道路格局中（图4-14），轻选材，轻装饰，轻色调，力求整个堡内主题色调简洁明快，整齐划一。中轴线上的主宗祠等个别公共建筑亦朴素无华，完全服从于堡垒的主题色调和建造风格。后期增建民居很好地延续了建堡初期制定的民居基调和风格，堡内呈现出统一的古朴自然的田园风貌。

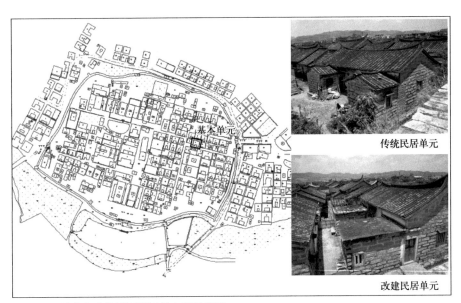

图4-14　诒安堡建筑平面图及基本民居单元

注：图中 CAD 底图为漳浦县文物部门提供，照片为作者自拍。

　　堡内功能分区体现了封建正统的宗族社会秩序。全堡布局严谨，取"艮坤寅申"坐向，中轴线南部为大宗祠堂，北部则为大型楼堡，西侧主要为处理家族事务的堂屋及各房祠堂，东侧为黄氏族人的居住区，整体左右对称，排列有致，疏密相间。堡墙内周边区域为后世聚落建筑的扩展预留了足够空间，直至今天，堡墙内侧环路仍能保持基本畅通。

　　堡的选址和堡内排水设施经过了精心考虑，解决了水源和防洪排涝问题，使其位于盆地而无雨洪之患。尽管今天堡周围大量新居修筑和路面硬化加速了路面抬升，但诒安堡内地面标高较外环路地坪仍高出将近0.5米，堡内排水沟具有发达的主支干系统以及精良的建造工艺，至今完好并能正常工作，很好地满足了堡内的排水防洪需求（图4-15），没有出现像诏安古城那样的积水隐患。堡内的小型水池设计也为民居防火和日常浣洗提供了便利（图4-15　F）。

　　堡内防御工事从整体布局到细部设计，在借鉴和模仿官方筑城的基础上，又突破其常规形制和建造方式，表现出了官方城堡所不具备的很多特点。

　　诒安堡规模虽小，但城门、马道、女墙等城防元素俱全，用材考究，建造工艺精细，防御工事极其坚固。全城设四门，城门石构、券顶、门洞内宽深均4米，上建城楼（其中北门没有建城楼，且长期封死）。城外南门到西门前又开凿护城河，河宽30米，至今完好。

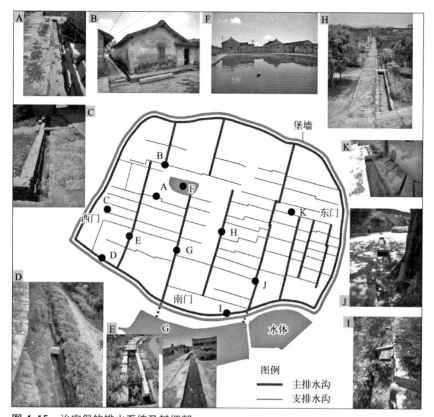

图 4-15 诒安堡的排水系统及其细部

注：图中 CAD 底图为漳浦县文物部门提供，照片为作者自拍。

谯楼作为古代地方行政城池（县城及以上城池）才有的城防元素，在诒安堡之东、南、西、北四方位上各出现一座，反映出了建造者对官方筑城的借鉴和模仿（图 4-16　F）。

诒安堡和赵家堡内都有一个较民居单元而言体量巨大的土楼，用于战时全堡居民的临时避祸地点，土楼为三合土夯筑结构，正方形三层四合式，呈回字形，楼中夜间可供堡中壮丁集体守夜，堡门及箭窗等细部处处体现了防御设计的精巧（图 4-16　C），赵家堡土楼地下一层还设有专用于紧急撤离的地下暗道。

诒安堡的诸多城防工事细部也独具匠心，分析如下。

① 城转角处建二座敌楼，楼深宽各 3 米，突出于城墙之外，这样的城防元素仅见于官方城池，在民间筑堡中较为少见（图 4-16　B）。

② 堡墙周长 1200 米，其中城墙内侧每隔约 50 米设登城石阶，全城共 24 条，附会一年 24 个节气之意（图 4-16　A）。石阶由临空悬挑的长条石组成，便于城内各个片区的居民就近快速抵达城上进行防御。

③ 堡墙内侧马道宽达 3 米，城墙上部还砌有 2 米余高的女墙，女墙宽 0.4 米，开 365 个垛口，取一年 365 之数。女墙用三合土夯筑，垛口采用了外窄内宽的楔形，便于更好地防御，体现了建造者在细节上的精心考虑（图 4-16　F）。

④ 城楼和谯楼内部，设置了多处楔形的箭窗，分别用于瞭望和射击（图 4-16　F）。在作为防御重点的西门内又加筑了侧向射击的小型火炮位（图 4-16　D）。

（4）社会组织

诒安堡为聚族而居的聚落，未建堡时，当地房屋"仅数十椽，余皆荒烟蔓草"，而"鸠工庀石，筑土堡为藩"后，"俾族众咸有宁居"。堡内的日常生计以"学田共享"为基本模式，在土地分配上，将各家田产买下用以建祖庙和义学，并规定轮房办祭。以"公举房长德望之人递主其事，而时其出纳，以防侵蚀"，并以义田养育孤苦穷独等族人。堡内中轴上修建的祖庙和宗祠为主持宗族事务的特定场所，反映封建宗族的族长权威，前有广场可供宗族聚会。主宗祠在防御寇乱和"协和庭闱，永葆聚顺之道"方面起到重要作用。

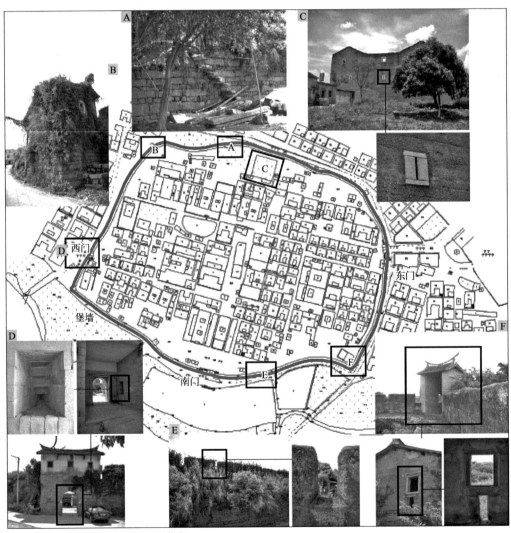

图 4-16　诒安堡的防御系统及其细部

注：图中 CAD 底图为漳浦县文物部门提供，照片为作者自拍。

4.2.5 类项比较研究

4.2.5.1 官方筑堡与民间筑堡的比较

（1）修建目的

从防御对象上看，官方城池地处岸线前沿，防御主要对象为海上倭寇。民间堡垒的防御对象则比较多元和复杂，除了倭寇外，当地的山贼、流寇亦是重点防御对象。清代以来福建山区不同村落和宗族之间的矛盾，也是筑堡防御的主要目的之一。

民间筑堡的最终目标是维持宗族的生计和繁衍。因此，农业条件、水源条件等较海防区位更为重要。典型的如赵家堡，其建造者赵公瑞在《硕高筑堡记》中云："余祖宋闽冲郡王……晦居积美，滨海苦盗患。……决意卜庐入山，屡经此地，熟目诸山谷盘密，不嚣冲途，不逼海寇，不杂城市纷华，可以逸老课子。田土腴沃，树木蕃茂，即难岁薪米恒裕，可以聚族蓄众。"❶由此可见其筑堡的目的主要是维持宗族生计。

（2）选址因素

官方筑城的首要选址因素是海防区位，至于城址在水源或耕作等方面的不足，可以依靠政府强大的财政和经济后盾来弥补。如铜山所城所在的东山岛内土壤甚为瘠薄，水源植被条件差，地理环境并不完全适合聚落发展。在此筑城的首要原因就是海防区位的重要性。

最大限度上利用地形，因地制宜是民间堡垒的特色。因需顾及自身财力状况，民间堡垒往往会充分利用山形水势，在建造花费上亦精打细算，力求花费甚小、事半功倍。民间筑堡很少有人工开凿的堡河，往往利用高地或周围天然溪流为屏障。不同地区的民间堡垒顺应山体或水势走向，产生了方形、圆形、不规则形等多种丰富独特的平面造型。如漳浦地区的慎修楼在建造外墙时，因遇到小溪的阻拦，于是截去一角，形成一个不完整的圆形（图4-17）。

城堡中的城垵古城（今东山县境内）受到周围山水地形的影响亦较大（图4-18）。其城址位于东山岛西北，北为东山湾内海，可免受台风和海浪的正面侵袭，而城址周边东西北三面环山，中为盆地，前有溪流穿过，风景秀丽，为选址佳地。古城之名"城垵堡"中的"垵"字在当地有"村的外围地势较高"之意，表明城垵堡周边地势低洼。今堡墙外仍残留较多水体，唯城堡所在台地地势高出周围近1.5米，可以想见建堡之初城堡为水体环绕，其不规则的三角形轮廓亦随地势而来。

（3）修筑过程

明代官方筑城的典型特点是耗时短、效率高。明代海防卫所城池及附属的巡检司城等多

---

❶ 福建省漳浦县文化局. 赵家堡 [M]. 福建省漳浦县图书馆藏书，1992.

集中于明初洪武年间修筑。只有依靠雄厚的财力、物力和人力支持，以及强大的组织管理和调度能力，才有可能在短时间内建立起如此数量众多的海防城池。相比之下，民间筑堡往往耗时长，历经数代才能完成，如漳浦县的晏海楼历时 16 年完成。其筑堡经费亦须多方筹措，如通过捐资或集资的办法，借助全族乃至全村力量来完成，像赵家堡、诒安堡这样依靠朝廷官员个人之力而建的家族堡垒仅为少数。

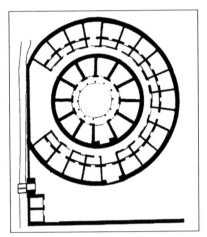

图 4-17　慎修楼平面示意
注：图片选取自漳浦县地方著作《城堡和土楼》。

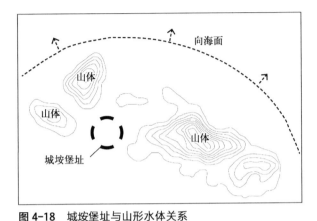

图 4-18　城埯堡址与山形水体关系
注：图为作者根据奥维互动地图中的 Opencycle 等高线地图为底图自绘。

官方筑城在防御工事细节上考虑不甚周全。民间筑堡在气候条件、地理环境、用地情况等方面都会有周密考虑，在一些筑城细节上反复推敲、精益求精。另外，民间筑堡在选址时往往比较注重风水、宗族、政治等因素的考虑，如赵家堡在方位布局、城门朝向及方位命名上都异于常规，一定程度上折射了皇族后裔的复杂心理。

（4）建造材料

在建造材料上，官方筑城与民间筑堡也有一些区别。虽然福建地区为多山丘陵地区，但采石活动需借助优良工具及专业石匠，成本较高，故只在官方筑城中普遍采用。其他民间自筑堡垒，即便使用石材，也多为乱石、碎石等低廉易得的石材，仅在堡门、墙基等重要部位才少量使用规整条石（表 4-6），作为福建地区的建造特色，堡墙墙体上部大量采用夯筑生土或三合土，或者底层砌石，二层以上夯筑三合土，视财力而定。以廉价易得的贝壳、砂土为原材料的三合土夯筑技术，同样可获得很好的防御效果。

表 4-6　漳浦县境内民间筑堡的建造材料信息

堡垒名称	筑城材料
高山城	墙体下层以乱石构筑，以上二合土夯筑
人和城	城墙依河道以条石砌筑，中间填土，上夯筑三合土城垛

续表

堡垒名称	筑城材料
宜隆城	城墙底层以条石砌筑，中间填土，上层夯筑三合土
锦屿城	条石、三合土混合结构
横口城	城墙石构，上夯三合土城垛
梅月城	楼为三合土建造，石地基，土中加入大量未经烧熟的海蛎壳
溪南城	城墙以三合灰土夯筑，仅局部低洼地以条石为基
刘坂城	条石构筑，中间填土，墙上三合土城垛，城门为三合土夯筑
万安堡	堡墙外以条石或鹅卵石砌构，内侧夯筑厚0.4米的三合土，总厚近2米，上为三合土墙垛
芳致城	乱石垒砌
蓬山城	城以条石为基，上夯筑三合土墙
眉田城	城墙用乱石砌筑，上以三合土夯筑为城垛
阿边城	城墙以条石、三合土混合构筑
埭厝城	墙体无地基，全部以三合土夯筑
苦竹城	条石结构
塘边城	城墙以条石砌筑，上面加筑三合土
大坪城	城墙以南溪中大量的卵石加灰土砌筑
后魏堡	堡墙以石、三合土混合
埭头土堡	三合土夯筑
沧瀛楼（城堡）	城墙的下层1.5米用条石砌筑，以上用三合土夯筑，并作城垛
黄家寨（狮头土堡）	城墙条石砌筑，厚2米，上面夯筑三合土城垛
下寨寨（土堡）	墙体以乱石砌构，墙垛以三合土夯筑

注：表中内容为笔者根据《城堡和土楼》内资料整理。

4.2.5.2 沿海区域海防堡垒的比较

在整个明代海岸线上，民间修筑的海防堡垒在福建地区，尤其是漳州南部最为密集，浙江地区居其次，而长江口以北则基本没有民间筑堡。这里以浙江温州地区的永昌堡（图4-19），以及今上海地区的川沙堡为比较对象，来说明漳州地区海防堡垒的区域特色。

（1）区位选址

不同的海防区位决定了海防堡垒的城周环境特色。温州地区河网发达，城堡的水门等配置也较完善，永昌堡内城河贯通，一派瓯越水乡格局。而漳州地区的堡垒则展现了闽南山区的乡村景观。

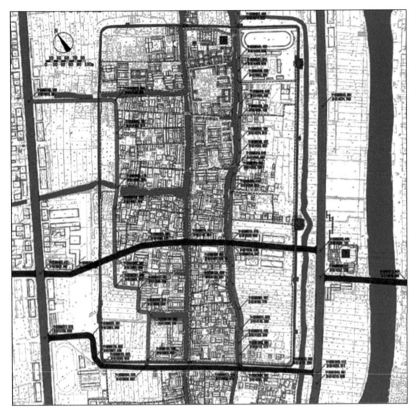

图 4-19　永昌堡现状

注：图为温州市文物部门提供的永昌堡规划现状。

相比其他沿海区域的土堡，漳州地区的民间堡垒在选址时尤其注重风水。文献中多有赵家堡和诏安堡在堪舆选址、城门方位和朝向等方面的传说。这种对风水的重视，反映了当地民众对地灵而后人杰的追求。如赵家堡，"为昌后永世计……惟子若孙居此地，培祖德，绍书香，以振扬而光大之……毅然应地灵，以光映丹鼎"。

（2）城池规格

据《（万历）温州府志》载，明代温州地区的城堡，共计 17 处，其中有规模等详细数据者 6 处（表 4-7），可以看出，同为嘉靖期间集中修筑的海防堡垒，温州地区的堡垒规模不但普遍比福建漳州地区大，也超过或接近温州地区几个卫所城池的规模，永昌堡的规模还远超过了当时平阳县（632 丈）和泰顺县（720 丈）的规模，直逼瑞安县（1140 丈）。明松江府境内的柘林堡和川沙堡的规模亦为城周 4 里，可与小型的地方行政县级城池规模相匹敌。

与规模相适应的是，永昌堡的建造规格也较高，陆门、水门各设四个，堡门用砖石加固，面海方向的东门筑有瓮城。除城外有护城河环绕外，城内有大小两条南北走向的河流和十浃，并且堡内设有水田 100 多亩（1 亩约等于 666.7 平方米），危急时可生产自救。

表 4-7 《（万历）温州府志》载明代温州地区部分城堡概况

所在地	堡名	出资 / 修建者	修筑时期	规模	形制
乐清县	鄂渚堡	邑令欧阳震建	嘉靖年间（1522—1566）	周 300 丈	门五
	永康堡	刘姓居民聚资	嘉靖年间（1522—1566）	周 400 丈	门三，河洞二
	福安堡	连衷公出资	嘉靖三十一年（1552）	周 4 里	门四，水洞二
	寿宁堡	朱守宣倡筑	嘉靖四十年（1561）	周 500 丈	门五
永嘉县	永昌堡	王叔杲等倡筑，自筹资金七千余两	嘉靖三十七年（1558）	周 930 丈	陆、水门各四，二渠，铺舍二十，敌台十二
	永嘉堡	巡盐御史凌儒筑	嘉靖三十七年（1558）	周 720 丈	陆门六，水门二

（3）修筑材料

筑城材料也体现了典型的区域特色。川沙堡的修筑材料主要为砖材，永昌堡仅堡门门券砌以青砖，堡墙内外壁均用卵石、块石斜垒，中间为夯土。堡内防御工事在施工过程中结合当地材料采用了创新性的施工方法。而漳州地区的海防堡垒主要体现了福建地区高超的生土及三合土夯筑技术。

（4）规划细节

相比松江府和温州地区而言，漳州地区海防堡垒密集，表现出了更多的个案特色，在满足基本防御要求的前提下，考虑了聚落内部的精神生活需求，出现了一些游赏等休闲空间，典型的如赵家堡内的园林空间。防御工事上的细节设计亦为他处所不及，除谯楼、堡墙上不设窗，或仅设外窄内宽的楔形窗外，城门部位采用双重门的形式来加强防御的做法在漳州地区的土堡和楼堡中普遍存在，如梅洲堡、康美土堡（图 4-20）等。

图 4-20 康美土堡局部加固的两重门

（5）遗存现状

目前沿海各地堡垒遗存所在地的城镇等级和区位环境有所不同。川沙堡位于城镇化水平极高的中心城区，快速的城镇更新使原堡墙内大部分传统民居消失，目前仅在城西南地区有少量遗存，已列入重点保护范围。城池元素中，城河尚存，城墙仅存一段残址。同样位于中心城区的永昌堡，保存程度相对较高，堡墙及城门等大量城防元素，以及部分堡内建筑保存程度较高，但堡内已无人居住，传统生活方式完全不存，当地政府近年来通过招商引资等方式将城内居民全部迁出，城址仅作为博物馆式的保护示范点存在。相比之下，漳州地区的大量堡垒地处偏远山区，较少受到城镇化影响，堡垒传统风貌保存较好。

通过比较可见，漳州地区的堡垒以宗族聚落为主，规模较小，但因其数量较多，分布密集，个案特色比较明显，在构筑材料和建造细节上具有其他区域不具有的特色。

4.3 海岛型海防历史城镇案例研究——以铜山所城为例

海岛地处海疆前沿，其得失攸关大陆存亡，尝曰"茫茫大海，无藩篱之限，守之有道，则万里之金汤；防之偶疏，亦众敌之门户"❶。我国明清两代对海疆地区的经营，以海岛地区为一大历史教训。明清时期实行消极的海防政策，导致海岛这个最前沿的军事战略要地屡屡落入敌手。就闽南地区而言，明代倭寇海盗盘踞于闽粤交界的南澳岛，借机窥伺大陆，东山岛则处于福建南部岸上防御的最前沿。明清两朝分别于明初至正德十三年（1518）、嘉靖二十六年（1547）至明末、清康熙三年（1664）至十九年（1680）相继实行海禁、迁界政策，将万里海疆的海岛地方拱手让人。对于海上来犯倭寇，明朝采取"御海贼宜于外，而外则宜守不宜战、惟守为宜"等消极保守的海防策略，铜山所城则是明清海防政策背景下产生的少数海岛型海防城镇之一，是明代在海岛地区经营海防的重要历史见证。

地理环境的不同，必然会带来聚落景观面貌和社会生产方式的不同。我国目前的历史城镇类遗产以内陆农耕文明为主要背景。而海岛聚落的物质空间与生产方式，与内陆传统聚落有着根本不同，东山岛内"无桑麻之乐而有渔盐之饶"，作为目前仅存的海岛型历史城镇遗产，铜山所城对研究我国滨海及海岛型历史城镇具有重要的示范意义。

4.3.1 东山岛的海防军事区位

东山岛是现今中国海岸带上 10 余处具有市县建置的岛屿之一，历史时期具有非常重要的海防战略地位，明代曾是沿海盗寇借之攻击大陆的跳板。志云：（东山岛）"东控厦海，西翼潮洋，北掎三都（即三都澳，为福建省重要渔港之一，在宁德县东部三沙湾内），南临沙岛，尤足以资国家金汤之寄。"

作为仅次于平潭的福建第二大岛，东山岛"外接澎湖，内蔽漳浦、云霄、诏安，为东南门户"，其地势之重要，不亚于思明各岛。在明代，福建北部的延平府与南部的东山岛分守福建的陆、海门户，"延平控制闽北，东山屏蔽闽南。山而寇者畸重前，海而寇者畸重后，兵家所争"。在福建南部，东山岛又与诏安分守漳州地区的海、陆门户，漳州来犯之敌中，"山而贼

---

❶ 李猷明（总纂）. 东山县志民国稿本 [M]. 东山：福建东山县印刷厂，1987.

者，则必自诏安而逾云霄"，"海而贼者，则必望南澳而入铜山 ❶。中间虽有支途，然其门户莫急于此"。因此诏安"上麾陆兵以遏漳、潮之交"，东山"下督水兵以扼铜、悬之会"，足见东山岛在福建海防区位的重要性。

东山岛作为海上重镇的海防战略地位自明代以来得到了很好的延续，与台湾相近，一苇可航，明时可借台湾扼日本而捣其穴，明末清初郑成功尝资之以抗清 ❶；康熙年间（1663—1664），郑氏自厦门经东山岛而退踞台湾，施琅于康熙四年（1665）和康熙二十二年（1683）自东山岛的铜山所起航攻打台湾，蓝廷珍对台用兵期间厦门船只亦随潮漂流至铜山。抗日战争期间，金、厦相继失守，粤属之南澳、汕头，亦告沦陷，而东山岛地处国防前线，日军几欲图之，七年间东山岛三失而三复，在对日战场上发挥了重要作用。

就岛内环境而言，岛内以沙型土壤为主，土壤贫瘠，整体农业耕作条件欠佳，粮食多仰恃云霄、诏安二县。人民所恃为生计者，实惟渔。岛内植被状况也极差，"多童山濯濯，不但造林绝少，而种树亦稀"，"溪流之疏浚，蓄水之地沼，亦未见加以整理"。故每值"春、秋二季，旱潦之灾迭见，农作之收获屡歉，国计民生，交受其困"，因此，岛内的聚落生存条件较差。但因"形擅山川之险"，故"在昔已为兵家所注意"。其东北有古雷半岛与东山岛共同扼守东山湾入口，是进驻云霄、漳浦的主要海上通道，湾内岛礁遍布，航路地势险要，在内与大陆间有"八尺门相接，水道浅狭，仅通小船，尤为险隘"。同时，岛内东、南侧岸线处皆有良湾。"澳之出入，足适于船舶避风之处"，为所城内水军建寨及操练提供了较好条件，明代福建地区五大水寨之一的铜山水寨即位于铜山所外西门澳处。

铜山所城的选址，是基于整个漳州乃至福建地区的海防军事战略的需求，同时考虑东山岛周边及岛内的军事地理环境的结果。明洪武间江夏侯周德兴建铜山所时，初建于龙潭山，后因"地势深入，不能外阻其锋"，而移建于今址，其地"虽因天险之胜，而实堆实墼，无可缺者，故砌石为城，临海为池，其万世不拔之利矣" ❷。

4.3.2 铜山所的空间防御系统

因筑城者"素谙地理"，在整个外围城防布局上做了周密的考虑。铜山地处海岛，城址所在地多丘壑，水源缺乏，城池修筑时建造者同时考虑了海岸地貌地势、水源给养等多方面问题。首先，根据陆地和岸线走势，包山而城，临海为濠；其次，将西门定为交通要冲和防御重点部位，教场、演武厅、火药局等重要军事机构均设于西门外。西门之内浚四官井以防火攻，西南之外开四大池以危地势，教场、演武亭亦布置于西门外龙潭山下的临海开阔地，以山"制南风火"，并在"演武亭西另浚一井以资军用，西出之水流南沟而入池，以归于海"，防火、水

❶ 郑成功盘踞厦门、金门、南澳以及铜山四岛以抗清，铜山所为其据点之一。

❷ 陈振藻（纂修）.（乾隆）铜山所志 [M]// 福建师范大学图书馆藏稀见方志丛刊.北京：北京图书馆出版社，2008.

源等问题均得以妥善安排。郑成功据铜山时以铜山附近的制高点九仙山顶（标高 133.7 米）为水师指挥台（今水寨大山），其北向视线开阔，东山湾的岛礁海域一览无余。

铜山周边岸线，"澳口扼塞之区，复有水寨，哨船游织海上"，又"墩之以烽墩，逻之以把截"，设置多重海防设施；洪武二十年（1387）筑城置所的同时，又分别于东沈、北铺和山东设立了赤山❶、洪淡、金石三巡检司，以"悬军插羽，为唇齿之依"❷；洪武二十三年（1390），于陈平渡设立把截所，由铜山守御千户所派兵驻守，扼守东山通往大陆的咽喉。铜山水寨原位于井尾澳（今漳浦县佛昙镇），后于景泰三年（1452）移至铜山所在地；明代东山岛周边设堡 13 处以辅助，万历九年（1581）又设铜山浙兵营。

明代铜山所城出于防卫的需求，在面向入海河口和海面的所城外围设置了 7 座墩台，从北到南分别是：陈埭墩台（峰山之上，海拔 181.6 米）、八尺门墩台（青山之上，海拔 132.6 米）、瞭高山墩台（龙潭山之上，海拔 133.7 米）、古雷墩台（观音山之上，海拔 130 米）、川陵墩台（川陵山／苏峰山之上，海拔 274.3 米）、泊浦墩台（大帽山之上，海拔 251.9 米）、走马溪墩台（旗山之上，海拔 136.7 米）。这 7 座墩台分设于 7 座最高山峰的峰顶，显然是在考察岛内丘陵地形后作出的周密部署，可俯瞰倭寇自海上来犯航线，第一时间发现并传递警情。从清代铜山营所辖汛地分布来看，岛内的汛地所在地也基本与这些墩台相一致，如八尺门汛位于八尺墩台所在地、苏尖汛位于川陵墩台所在地、澳角汛位于泊浦墩台所在地、宫前汛位于走马溪墩台所在地，以及北山汛位于泊浦墩台和走马溪墩台之间，这些有利的海防地形得到了较好延续。

作为内通河口、外向海面且岸线曲折连绵的海岛，东山岛湾、澳数量众多，适合船只停泊。在此基础上，岛内向海面及沿河口出海区域，根据战略防御需求，布置了同样数量众多的港口和满足生产生活需求的渡口。其中，以掎角之势扼守河口出海处的东山岛东北方向（同时也是铜山所选址所在），以及古雷半岛南端的湾、澳处，港口、渡口密集，并隐有连成一线趋势。因此，东山岛内的东北、西南，以及古雷半岛南端地区同时也是明代倭寇登陆入侵的最佳地点，表 4-8 是见于史料记载的明、近代外敌来犯的登陆时间地点，以及抗日战争时期日军进攻东山岛的登陆和停泊地点，可以看出，两个互成掎角的战略位置，自明清以来一直是战略守护的重点区域。

表 4-8　明、民国外敌登陆地点统计

序号	时期	登陆时间	登陆地点	所属岛屿／半岛区位
1	明	崇祯四年（1631）	游澳	古雷半岛中部（东岸）
2		万历二十五年（1597）崇祯四年（1631）	古雷	古雷半岛南端（东岸）

❶　正德十五年（1520）赤山巡检司移于诏安分水关。
❷　李猷明（总纂）. 东山县志民国稿本 [M]. 东山：福建东山县印刷厂，1987.

序号	时期	登陆时间	登陆地点	所属岛屿/半岛区位
3	明	天启七年（1627） 崇祯四年（1631） 崇祯五年（1632）	铜山	东山岛北端（东岸）
4		嘉靖十年（1531）	大澳	东山岛北端（东岸）
5		嘉靖四十二年（1563）	城垵	东山岛北端（东岸）
6		嘉靖三十七年（1558）	东坑	东山岛北端（东岸）
7		嘉靖四十五年（1566）	泊浦澳	东山岛南端（东岸）
8		嘉靖四十五年（1566）	走马澳	东山岛南端（东岸）
9	近代	1938年	西门兜	东山岛北端（东岸）
10		1939年	古雷头	古雷半岛南端（东岸）
11		1939年	东门屿	东门屿（东岸）
12		1939年	铜山所	东山岛北端（东岸）
13		1939年	南屿	东山岛北端（东岸）
14		1939年 1940年 1943年	过冬村	东山岛中部（东岸）
15		1939年	亲营	东山岛中部（东岸）
16		1939年	白埕	东山岛中部（西岸）
17		1939年	港口	东山岛中部（西岸）
18		1939年	岐下	东山岛南端（西岸）
19		1940年 1943年	宫前	东山岛南端（东岸）

注：表中资料来源于《东山县志》与《东山县志民国稿本》。

4.3.3 铜山所的城镇发展过程

（1）城镇建置的历史沿革

铜山地区于明洪武二十年（1387）设所筑城，明清两代皆驻重兵，专职海防。但清代在铜山所城的军事建制经历了一个不断削减的过程：清初罢诸卫所，迁民入界，铜山为郑成功所据近40年。康熙十九年（1680）始设于铜山置（镇）总兵，统左、右、中三营及城守营；康熙二十三年（1684）改镇为协，裁去中营；康熙二十四年（1685）裁城守营；康熙三十一年（1692），改城为城守游击营；雍正二年（1724）又改游击营为参将；至民国时营汛尽撤，只由厦门水上警察维持治安。

1912年，因诉讼、教育、实业等多方面的需求，东山设立县治于铜山，从此铜山所城转置为行政县城，最终丧失了专职海防的地位。1953年县治迁西埔，铜山遂为镇。20世纪90年代的东山县总体规划确定铜山所城所在的铜陵镇、西埔镇为东山县的"一轴两镇"双中心格局。

（2）主城格局的发展

自筑城以来到光绪三十三年（1907），铜山所城兴废修圮不下十余次。概括起来大致分四个阶段（表4-9），前三阶段与整个福建海防形势的变化有密切联系，全面增固阶段奠定了铜山所城的基本格局。清初迁界时期铜山居民四散入内地，城郭遂成丘墟，至康熙十九年（1680）复界后复筑城垣，而归者十存二三，新城在原址基础上重建，与旧城丈尺略有异同，但主城格局基本未动，一直延续至今。

关于城池修筑材料，对照东山县历代方志的记载，今版《东山县志》中"城基用条石干砌垒叠而成，城墙用黏土夹以碎石夯筑"的说法无准确史料支持，不足采信。《（乾隆）铜山所志》云"砌石为城"，《（康熙）诏安县志》亦云"基砌以石"，但嘉靖三十六年（1557）增筑城池时"易土为石"，说明洪武初期的城墙以条石为主材，但不排除在女墙等部分采用了三合土夯筑结构。民国十六年（1927）海军驻此，拆毁城堞一隅，用于填码头，砌道路。1940年东山三度抗敌后，当地又拆毁西门一带城垣，供筑公墓、防波堤、中正公园之用，所城西、北两方位的城墙遂逐渐拆废。

表4-9 铜山所城的城镇建设大事记

时代	筑城阶段		时期	详细记载	备注
明	择址新建阶段	初建	洪武年间（1387年前）	初筑城址于龙潭山	后以地势深入，不能外阻其锋，故进其城于东山
		迁址新建	洪武二十年（1387）	于铜山砌石为城，临海为池。城周围五百七十一丈，初开东西南北四门，但东、北二门俱闭塞	
	全面增固阶段	增固	嘉靖五年（1526）	开东、北二门；爰筑望海台于城中南北相宜之处，高十丈，备海氛之瞭望也；筑水城于西门外，沿海直至小澳，防北方之空隙也；作浮阁于东屿	
	全面增固阶段	增固	嘉靖十年（1531）	增建东门月楼	
		增固	嘉靖二十三年（1544）	把总陈公言奉建北门城楼	
		增固	嘉靖二十六年（1547）	因东北城墙部分损坏，经众议论，漳南道王公时槐委诏安县龚公有成益卑以高，易土为石	
		增筑外城	嘉靖年间（1522—1566）	西门外沿海俱有石城，海上自西门至南门更筑土城	

时代	筑城阶段		时期	详细记载	备注
清	迁拆展复阶段	城废	康熙年间（1662—1722）	居民迁徙于内地，（铜山所城）廊乃为丘墟	
		废后重建	康熙十九年（1680）	诏准以复界，命副总兵詹公六奇重筑城池，建四门城楼（俱有谯楼），又重修女墙。新城与旧城丈尺略有异同	
	局部增固阶段	修补	乾隆二十三年（1758）	抚督二宪诏安县倡捐重修	
		修补	道光十六年（1836）	阖铜士庶等重修	
		增筑外城	咸丰四年（1854）	清咸丰四年建，时"义兴会"匪乱后，余氛未殄，众以东坑口为铜山通西南要道，匪徒混迹，易于出没，因筑城。由绅耆黄振昭、陈德千、孙有金等捐资倡建，于东坑口修筑铜山城之外城，以固城防	咸丰四年因林美圆（梧龙村人）集结匪类，发起"义兴会"，在五都肆行劫掠，僻小村庄被蹂躏而散去者计十八村。因筑外城
		修补	光绪五年（1879）	参府陈公邦俊倡士庶再整顿重修	
		修补	光绪三十三年（1907）	参府彭保靖出资修葺	
民国		修补	民国二十五年（1936）	时地方不靖，时闻劫掠。本县第五区行政专员公署参事李猷明提请重筑外城（咸丰四年的外城）及城楼	

注：表中信息源自《（乾隆）铜山所志》，以及《东山县志民国稿本》。

（3）外城空间的发展

值得注意的是，铜山所城的城池空间格局经历两次较大变革，即两次外城城墙的修筑（表4-9）。清代外城的修筑时间确凿，而明代修筑外城的时间，《（乾隆）铜山所志》并无明确记载，推测为洪武[1]或嘉靖年间，从明代沿海外城修筑的情况（见前文第3章内容）看，嘉靖年间的可能性较大。

明代外城"自西门至南门"为土城，规模较小，与主城环合，其目的是作为辅助手段来加强主城的防御能力。清代外城自南门沙墩起至观音亭山下一粟庵止，蜿蜒数里，呈非闭合线状，与交通线垂直（图4-21），东坑口置有城楼，上勒"铜陵保障"，设兵守之。

明代外城为防倭而筑，清代外城则为防地方匪乱。所城因"三面距海，惟西南隅平

---

[1] 据《（乾隆）铜山所志》[陈振藻（纂修）.（乾隆）铜山所志.中国地方志集成·福建府县志辑 [M].上海：上海书店出版社，2000.] 记载："四大埋（池）：……因海上就此取土筑城，斯变为池"，此四大埋为洪武年间周德兴修筑，若"取土筑城"之"城"为外城之"土城"，则明代外城可能修建于洪武年间。

旷",所以对外干道位于此方位,而干道附近的东坑口等处匪徒混迹,易于出没。清咸丰三年(1853)的"义兴会"加重了当地治安隐患,直至民国二十五年(1936),仍"地方不靖,时闻劫掠"。

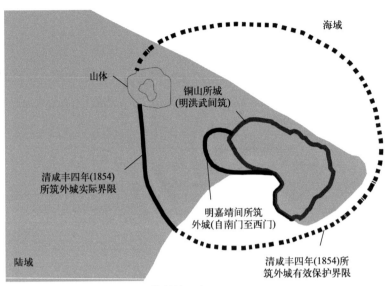

图 4-21 铜山所城明清两代所筑外城示意

注：图为作者根据铜山所城址的谷歌航拍图为底图自绘。

防止寇乱是两次修筑外城的客观原因,而明、清时期的城镇大发展导致了城市人口扩张和城区生活的不断繁荣,是修筑外城的深层原因。铜山自筑所以来,明代"休养生息,户口繁庶",清代复界后"哀鸿还集于兹,将历百年,圣化薰蒸,而四方辐辏,民居复渐稠密"[1]。也就是说,明、清两代铜山所城经历了两次人口扩张阶段。之后城镇边界已远远跨出原有主城城墙之外,向西南方向扩展,尤其是清代复界以来,外城片区的扩张速度无疑更快一些,因此清代的外城边界更在明代之外。清代以来海上贸易的发展促使城市经济活动获得了长足的发展,外城区逐步发展为贸易片区,前街、后街、后铺山街、打铁街、下田池街、澳路街大小商店计有六百余家,足见外城生活之繁荣。

教场和演武厅所在的西门澳为天然避风良港,物资货品多由此出入铜山,在明代军民已开始"杂渔盐之利以盛,商贾之资以通","南北之船来往者不绝",政府对此持鼓励态度,于"演武亭外架塔,草寮运转,以输列市肆,而集商贾也",遂导致"市肆兴,商贾集,则铜虽为边岛,而得通天下之货"。至康熙二十九年(1690),此处市场改建为街坊,民国十三年(1924),原部院衙亦改为市场,"内分五十四间,所有日常鱼菜,分部贩卖,甚形热闹"[1]。

---

[1] 李献明(总纂). 东山县志民国稿本 [M]. 东山：福建东山县印刷厂, 1987.

4.3.4 铜山所的聚落景观特色

（1）海岛景观

铜山所城址周边独特的海岛自然景观，加上建城之后数百年来海岛聚落的发展，形成了独特的海岛景观。

岛内的东北部分为侵蚀与剥蚀作用下形成的低矮丘陵，由花岗岩组成，表现为石蛋地貌，海拔 90～130 米不等。岩壁上保留许多古海蚀遗迹，小海蚀崖、海蚀穴、海蚀拱桥等地貌类型，以海蚀穴出现最多，为本区特征地貌类型之一。今铜山周边的风动石景区内遍布海蚀地貌，为景区主要特色。

与诏安古城相类似的是，海防所城建立后，大力发展教育事业对当地产生了深刻影响。东山县孤悬海岛，未建所前民风质朴，人文未畅；建所以来，历代乡绅立文庙、建书院、行文教，"以教乡之子弟习诗礼"，自嘉靖迄崇祯百余年间，"登会选者九，执乡箧者十，明经者二十有六，茂才者四百有奇，一时称大盛焉"，于是"乡之子弟拖船荡桨，亦能文章"，而"戍卒之徒，变为诗礼之家，……戍卒之区，变为神仙之洞府"；最终"文人蔚起，山水亦复增名"[1]。海岛景观逐渐声名鹊起，内八景、外八景、海天景色等记载大量见于方志（表 4-10）。这些景点主要集中在所城近边的海岸及岛礁区域，融合自然和人文因素，个别景点现已成为东山岛独有的文化品牌，如"风动石——塔屿风景名胜区"为省内十大风景名胜区之一，景区内之风动石被誉为"天下第一奇石"，而厦门等地同类的风动石今已不存。

表 4-10　铜山所城及城周景观概况

景观分类	景观名称	资料来源
内八景	九仙石室（一作石室仙岩），虎崆滴玉（即虎窟泉），东壁星晖（一作壁石凌风，即风动石也），沙浦渔歌（即南门沙湾胜景），石僧拜塔（即礼僧石），鹅颈藏舟，蓬莱仙岛，天池胜景	《东山县志民国稿本》
外八景	雪峰旭日、苏柱擎天、梁岳拥翠、诏峦排青、归帆远棹、列屿高翻、龙潭石洞、狮屿瑶屠	《（乾隆）铜山所志》
海天八景	净澜沈碧、晓曙浮红、征帆日照、沔屿星悬、秋涛喷雪、蜃云卧波、浪头鲲柏、沙际鸥飞	

注：表中信息根据《（乾隆）铜山所志》，以及《东山县志民国稿本》等记载的内容整理。

文化的普及为充满军事色彩的海岛边地增添了浪漫的文人情怀，这些文人情怀大量

---

❶　陈振藻（纂修）.（乾隆）铜山所志 [M]// 福建师范大学图书馆藏稀见方志丛刊.北京：北京图书馆出版社，2008.

体现在文人题刻上。志云："（铜山）人因地而杰，地因人而名，故风雅之士，骚逸之人至铜之览胜者，踵相接也，或留题诗联于石碑，或深镌大字于石壁，凡百余所，不可尽述。"[1] 目前风动石景区内的风动石、碑廊等处，及城外水寨大山景区内尚留存有大量的诗词题刻。

岛内的诸多风景名胜被烙上了深刻的军事印记，如城外九仙山上的水寨大山原为训练水军的水操台。"九仙石室"（又作"石室仙岩"），为来自莆田地区的铜山守军及家眷将九鲤湖仙引至此处奉祀，逐渐形成的一处人文景观。

铜山所城踞山而建，坐拥大海，层叠的主城民居形成了独特的海岛城镇景观。早在清代，文人墨客即对铜山聚落景观有所描绘："攀缘而登，铜山民居全然在望。两面倚山，一面环海，略作三角形，鳞次栉比，盖五六千家地。"如今，铜山所城内现代建筑的大量出现，导致古城传统民居风貌渐失，但仍不失为一处优美的海岛聚落景观（图4-22）。

图4-22 铜山所城全貌

（2）民俗信仰与城镇空间

关帝信仰成为东山岛内又一标志性聚落文化。明代卫所实行军屯制度，卫所城池中的大量居民由外地迁移而来，主战争保平安的关帝成为移民文化的主要组成部分。诏安、漳浦县境内的其他海防聚落亦可见供奉关帝的现象，但将关帝信仰发挥到全城奉祀这种极致程度的，唯铜山一处。关帝信仰已融合为当地居民日常生活的一部分，在商业活动（图4-23）、日常起居（图4-24）中随处可见关帝的身影。历史上亦有丰富的与关帝有关的活动，如旧历五月十二日迎神活动。铜山所城还是闽南及台湾地区关帝信仰的发源地。据考证，台湾最早的关帝庙即从东山关帝庙分灵。至今台湾同胞年年来此朝圣谒祖。

复杂而多元的民间信仰一直是闽南地区社会结构的一部分。除关帝信仰外，历史上铜山所城内的民间信仰特别盛行，岛城孤悬海外，居民大半业渔，文化落后，迷信极盛，一年之中，耗费于迎神、赛会、建醮、祈福者，不下数十万。抗日战争期间，疫疠流行，而迷信之风益炽，导致东山县政府不得不采取强制措施破除迷信。

---

❶ 李猷明（总纂）．东山县志民国稿本 [M]．东山：福建东山县印刷厂，1987．

图 4-23　铜山所城周边的关帝用品店（上左、上右）和
关帝用品作坊（下）

图 4-24　铜山所城内每家必供奉关帝

表 4-11　铜山所城及周边区域的寺庙粗统计

片区名称	时期	寺庙名称
所城周边片区	明代	东宫、大成殿、宝智寺（保安堂／天尊堂）、关帝庙（武庙／关王祠）、伽蓝庙、城隍庙、青云馆
	清代	名宦祠
	民国	
	不详	七妈庙、建公坛
所城外一里处片区	明代	真君宫（吴真公庙）、文昌宫、翠云宫、泗洲佛庙、伽蓝庙（2 座）、福德祠
	清代	张忠匡伯祠
	民国	黄子祠
	不详	观音坛、司马祠
所城外二里处片区	明代	清薇宫、武圣行宫、东安善堂（北极殿）、伽蓝庙、玄天上帝庙、朱文公祠、福德祠
	清代	乡贤祠
	民国	
	不详	张公坛
所城外三里处片区	明代	九仙宫、九仙宫、灵泉宫、天后宫（龙吟宫／大宫）、恩波寺、伽蓝庙、王爷（公）庙、一粟庵、黄忠端公祖祠、恩主祠、御乐轩
	清代	明德宫、福兴宫、古来寺（苦莱寺）、苏公祠、卢公祠
	民国	
	不详	五思主庙、东岭大庙（大使公庙）、开衫庙、大伯公庙

片区名称	时期	寺庙名称
	明代	五里亭佛祖庙、五里亭关帝庙
所城外五里处片区	清代	水仙宫
	民国	
	不详	张公祠

注：表内信息来自《（乾隆）铜山所志》、《东山县志民国稿本》、（新中国）《东山县志》等书记载。

以民间信仰为主的非物质文化传统在当地的城市生活中扮演了非常重要的角色，对城市公共空间产生了重要影响。至今铜山主城内及城外西部、西南片区中，仍有以东山关帝庙、西门、顶街、九仙山、东坑口为中心的五处密集的民间祠庙分布区（表4-11），成为主要的社会交往场所和公共空间。乾隆末年，潮剧从潮安传入铜山，潮剧活动与当地的寺庙空间相结合，也衍生了更典型和富有特色的城市空间节点（图4-25）。这些非物质文化遗产对于延续铜山所城的物质空间和文化传统，起到了至关重要的作用。

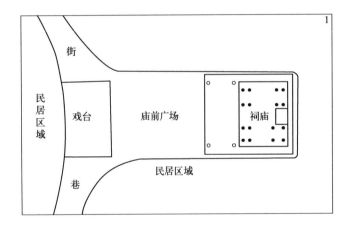
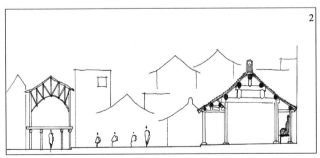

图 4-25　铜陵镇当地的潮剧表演舞台与祠庙广场和城镇街巷的空间关系

注：图中1为铜陵镇某街巷中的潮剧场所空间节点平面图，2为铜陵镇某街巷中的潮剧场所空间节点剖面图，3为潮剧小舞台实拍图，4为潮剧小舞台下的人行空间（图1、2为作者根据现场调研资料自绘，图3、4为作者自拍）。

4.3.5 类项比较研究

（1）漳州卫所城池的比较

由上文可知，外城制在沿海地区大量出现，可通过史料及考古资料❶查证的明代海防卫所共计 3 处（悬钟所、铜山所、南诏所），全部位于漳州地区。铜山所与悬钟所在明代同属漳南地区，扼守闽粤交界，"贼自粤趋闽，则南澳云盖寺，走马溪乃其始发之地，哨守最切者，铜山、悬钟二水寨而已，铜山有把总驻守，而悬钟隶焉，……嘉靖中最为贼冲"❷，但从外城的防御目标和城郭形式看，铜山所的明代外城、清代外城与悬钟所明代外城三者略有不同。明代铜山所及悬钟所外城城区内并无实质性的城市生活区，而清代铜山所外城则将大范围的城市商业和生活区包罗在内；明代铜山所及悬钟所外城城郭与主城环合，清代外城为独立、不闭合的线状构筑物（表 4-12）。结合铜山所城三面环海，贴近岸线的城区地理环境看，外城的实际防御范围应为西南外城墙与东、南、北三方位的海岸线共同围合的封闭大圈（图 4-21）。

表 4-12　铜山所城与悬钟所城的筑城信息对比

名称	明代铜山所外城	清代铜山所外城	悬钟所城
修建时期	明嘉靖五年（1526）	清咸丰四年（1854）	明代（应为嘉靖时期）
史料记载	《（乾隆）铜山所志》记载，但很简略	《东山县志民国稿本》对其起止和长度有较明确记载	相关方志无记载，为全国第三次文物普查中东山县文物部门最新发现
城郭形式	从西门到南门，起止点明确	较明确，起止点相对确定	无记载，不明确
与主城关系	与主城环合	独立线状，不闭合	推测与主城环合
城防设施	无详细记载，不明确	城楼（位于交通要道上）	无记载，不明确
修筑材料	三合土	不明（应为条石砌筑，或条石与三合土混合结构）	条石垒砌
遗存现状	今已圮，遗址不存	今已圮，遗址不存	现存残墙 63 米（宽 0.8 米），及三层六角实心石塔一座

（2）沿海岛屿城池的比较

明代沿海地区的海防卫所城池中，位于海岛地区的仅浙江防区的舟山中中所、舟山中左所（两所共城）、福建防区的中左所（厦门所城）、金门所城及铜山所城 4 座。舟山地区虽于洪

---

❶ 悬钟所城之外城，并无确切史料记载，其外城为全国第三次文物普查工作中诏安县文物部门新发现，2011 年 11 月已列入诏安县县级文物保护单位之列。

❷ 顾祖禹 . 读史方舆纪要 [DB/OL]// 中国基本古籍库 .

武十二年（1379）置千户所，洪武十七年（1384）改卫，但很快随海岛居民内迁政策而后撤至大陆岸线以内。清代分别于雍正六年（1728）、雍正十年（1732）和嘉庆四年（1799）在沿海设立玉环厅、平潭厅和南澳直隶厅并相继筑城。而金门、长山等岛直至民国后才陆续建县。可以说，铜山所城是我国海岛地区建城最早的极少数明清海防城镇之一。

以同处闽粤两省交界的南澳岛为例（图 4-26），南澳于明万历四年（1576）筑三城，岛内墩台林立，错综布置，清代营汛遍地，又有炮台、铳城等镇守，控制粤闽两省，为海上重镇。但南澳岛内"延袤三百里，田地肥沃，明嘉靖后为倭所据"，筑城时间晚于铜山所城。

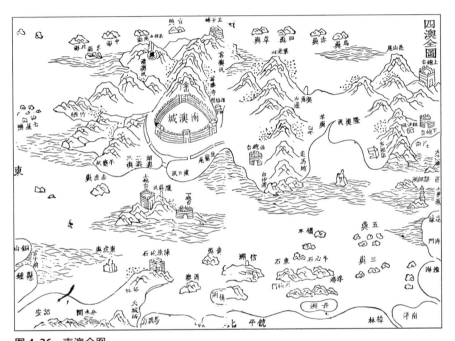

图 4-26 南澳全图
注：图片资料来源为《（康熙）饶平县志》。

就城镇规模、职能和社会属性而言，南澳城周三里（合 540 丈），规模与铜山所城（551 丈）相当，且"田约共四五万亩，军民耕种，可以坐食"[1]，但作为军事驻地，南澳城早期只有军营之实，澳内一切民事由饶平、诏安二县分管，直至清代才奏请"添设海防军民同知"，"照州县之例，凡四澳水陆军民一切钱谷、刑名、命盗、考试事宜，俱归该同知管理"。铜山所城作为独立的海防卫所，比其他海岛城镇更早具备了复杂的管理和经济属性，属于历史悠久的军事城镇。

而今，四所海防卫所城池中，舟山地区及金门的所城已不存，中左所所城范围亦不存，仅剩城墙残段。唯铜山所城城址尚存，城墙墙体保留较多，城内传统民居片区亦保存较多。属

---

❶ 顾祖禹. 读史方舆纪要 [DB/OL]//. 中国基本古籍库.

于唯一留存完好且物质空间和活的非物质文化传统得以较好保存的城镇，是明清海岛型海防历史城镇的唯一现存案例。

通过上述阐述，我们可窥见铜山所城作为海岛历史城镇的一些典型特点，其城址具有重要的海防战略地位，通过岛内的空间防御网络，我们可以了解明代基层战区单元内的防御布置情况。所城内的自然景观、聚落风貌及民俗信仰等构成了独特的海岛景观，为现存唯一的海岛型海防历史城镇增添了更丰富的遗产内涵。

4.4 漳州地区明代海防历史城镇的遗产价值阐述

4.4.1 中外海防历史城镇的遗产特色比较

（1）世界遗产名录中的海滨防御性城镇

截至 2013 年 8 月底，世界遗产名录中的 246 处历史城镇中，12 处海滨历史城镇具有较明显的防御特性，但基本都是以商贸为主的综合性城镇，专职于海防职能的仅瑞典的卡尔斯克鲁纳军港一处，该城镇在历史时期亦被强迫迁入大量商业业态，1772 年成为瑞典第三大城市。从本质上讲，这些海滨历史城镇仍属于国际商贸历史城镇的范畴（表 4–13）。

表 4-13 世界遗产名录中的海滨防御性历史城镇

序号	遗产项目名称	趋海性	滨海类型	遗产区域	国家名称	建立时间	功能性质	是否为殖民城镇	入录时间 / 年	符合标准	核心区面积 / 公顷	缓冲区面积 / 公顷
1	索维拉城（原摩加多尔）[Medina of Essaouira （formerly Mogador）]	2千米以内	海滨	阿拉伯国家	摩洛哥	18 世纪以来	商贸 / 防御	是	2001	2/4	30	15
2	苏塞的麦地那（Medina of Sousse）	2千米以内	海滨		突尼斯	9 ~ 10 世纪	商贸 / 军事 / 宗教	否	1988（2010 修订）	3/4/5	32	61
3	卡塔赫纳港口、要塞和古迹群（Port, Fortresses and Group of Monuments, Cartagena）	2千米以内	海滨	拉丁美洲和加勒比地区	哥伦比亚	16 ~ 18 世纪	商贸 / 防御 / 宗教	是	1984	4/6		
4	萨拉门多移民镇的历史区（Historic Quarter of the City of Colonia del Sacramento）	2千米以内	海滨	拉丁美洲和加勒比地区	乌拉圭	17 世纪	军事 / 商贸	是	1995	4	16	

序号	遗产项目名称	趋海性	滨海类型	遗产区域	国家名称	建立时间	功能性质	是否为殖民城镇	入录时间/年	符合标准	核心区面积/公顷	缓冲区面积/公顷
5	波多黎各的古堡与圣胡安历史遗址（La Fortaleza and San Juan National Historic Site in Puerto Rico）	2千米以内	海岛	欧洲和北美地区	美国	15~19世纪	商贸/防御	是	1983	6		
6	阿克古城（Old City of Acre）	2千米以内	海滨		以色列	18~19世纪	商贸/军事等综合，为首都	带有征服色彩	2001	2/3/5	63	23
7	汉萨同盟城市维斯比（Hanseatic Town of Visby）	2千米以内	海岛		瑞典	12~14世纪	商贸/防御	否	1995	4/5		
8	卡尔斯克鲁纳军港（Naval Port of Karlskrona）	2千米以内	海岛			17世纪	专职军事，有商业	否	1998	2/4		
9	加勒老城及其堡垒（Old Town of Galle and its Fortifications）	2千米以内	海岛	亚太地区	斯里兰卡	16~18世纪	商贸/行政/防御	是	1988	4		
10	坎佩切历史要塞城（Historic Fortified Town of Campeche）	20~2千米	海滨	拉丁美洲和加勒比地区	墨西哥	16世纪	商贸/防御	是	1999	2/4	181	
11	科孚古城（Old Town of Corfu）	20~2千米	海岛	欧洲和北美地区	希腊	8~12世纪/19世纪	商贸/防御	否	2007	4	70	162
12	威尼斯及泻湖（Venice and its Lagoon）	20~2千米	海岛		意大利	5~10世纪	商贸	否	1987	1/2/3/4/5/6		

就地理区位而言，12处历史城镇全部为港口城镇，大陆岸线的城镇与海岛城镇各半，距离海岸线2千米以内的历史城镇居多（75%）。在遗产大区分布上，美洲地区（包括南北美洲）居多（7处）。已有的面积数据中，遗产本体面积从16公顷到181公顷不等，缓冲区面积从15公顷到162公顷不等。

值得注意的是，以上历史城镇的建成期集中在16世纪之后，7处历史城镇皆为殖民城镇，其中又有6处是地理大发现以来欧洲殖民者在美洲和非洲开拓殖民市场的桥头堡，其城市建筑融合了欧洲主流建筑风格（巴洛克为主）与当地民俗传统，一些城市具有多民族、多元文化的特点，如摩洛哥的索维拉城（原摩加多尔）。并且，这些城镇具有很强的开放性，如几个世纪以来索维拉城一直是国际性的贸易港口。

从价值标准看，这些城镇符合世界遗产公约操作指南第 4 条标准的最多，其次是第 2、5 条，其遗产价值主要体现在城镇规划、景观，以及见证全球殖民扩张历史等方面。

（2）中国海防历史城镇的遗产价值特色

通过与上述历史城镇的比较（表 4-14），我们可以得出中国明代海防历史城镇的一些典型特点。

① 中国明代海防历史城镇是全国构筑的大规模空间防御线状系统，基本成形于同一时期，仅官方修建的海防历史城镇就逾百所。每一处海防城镇都是一个以城镇空间为节点，周边拱卫以巡检司、寨、堡、墩台等海防设施的完整空间防御单元。此外还有大规模的民间自筑防御系统，在我国沿海地区组成严密的空间防御网络系统。

② 我国海防历史城镇的建立时间普遍早于非洲和北美地区的港口防御城市。

③ 我国的海防历史城镇是专司军事职能的海滨城镇，海防活动也是为抵御外敌入侵的正当防御行为，同时具有非常大的保守性，体现的是明代以来长期闭关锁国的政策，是特定时期国家沿海形势和海防政策的实物见证。

④ 中国的海防历史城镇反映了本土文化的海防文化传统和地方民俗。

⑤ 我国的海防历史城镇遗存中，衙署及公建（如文庙、书院等）普遍缺失，保存较好的物质遗存是以宗族为代表的传统民居风貌区。

⑥ 较多历史城镇遗存位于远离城镇化地区的偏远乡村地区，受到城镇化问题的影响（如旅游等）较小。

⑦ 中国的海防城镇以大陆岸线内分布为主，海岛型海防城镇很少。

⑧ 我国海防历史城镇的规模类型和空间形态多样，如其规模从最小的城周 2 里（面积约合 10 公顷）到最大的城周 12 里（面积约合 400 公顷）不等。

表 4-14 世界遗产名录中的海滨防御城镇与中国明代海防城镇的对比

比较类型	世界遗产名录中的海滨防御城镇	中国明代海防历史城镇
城池存在、发展时间	大多较晚，为 16 世纪之后，直至 19 世纪的城镇	主体为 14 世纪修筑的海防城镇
城市职能	比较综合，且大多具有重要的国际商贸的港口城市的地位	功能单一，专职海防
开放程度	大多为地理大发现之后欧洲全球殖民的产物，海滨港口城市是全球商业殖民航线上的主要节点，具有很大程度的开放性	在明清的海禁政策下，非常封闭、保守，不对外开放
殖民性质	强烈的殖民和扩张属性	国家抵抗外敌入侵的正当防御

比较类型	世界遗产名录中的海滨防御城镇	中国明代海防历史城镇
建筑风格	欧洲主流建筑风格（巴洛克风格）为主，结合当地的地理环境和风俗	很少受到外来的影响，是中国传统文化下具有地方传统建造特色的城池
遗产现状环境	大多位于现代化大都市中，遗产受到城镇化威胁的影响很大	大多位于远离城镇化地区的偏远乡村郊野地区，城镇化程度较低，遗产保存的条件相对较好，但近年来受到城镇化威胁日盛
城内主要建筑遗存	大量的宫殿、官署和公共建筑，以及大量的清真寺、教堂、修道院等宗教建筑	官署及公共建筑基本不存，以宗祠和民居建筑为主。地方民俗信仰较盛
文化	欧洲殖民扩张时期，以欧洲文明为主导，多元文化的融合	中国特色的文化传统下，带有强烈的地方文化特色
城防工事	很多没有城墙，多以城中或城周要塞的形式出现	有完整的城墙和城防元素，而且历史上曾具有完整的外部空间防御系统，现在个别具有烟墩等设施

4.4.2　漳州地区明代海防历史城镇的遗产价值分析

综上，根据世界遗产公约操作指南的表述，以漳州地区为代表的我国明代海防历史城镇，其整体遗产价值独特，与操作指南中所描述的第 ii、iii、iv、v、vi 条价值内涵相近。首先来看最新的操作指南❶中相关的条文内容。

第 ii 条：体现了在一段时期内或世界某一文化区域内重要的价值观的交流，对建筑、技术、古迹艺术、城镇规划或景观设计的发展产生过重大影响。

第 iii 条：能为现存的或已消逝的文明或文化传统提供独特的或至少是特殊的见证。

第 iv 条：是一种建筑、建筑群、技术整体或景观的杰出范例，展现历史上一个（或几个）重要发展阶段。

---

❶ 世界遗产中心官网上的操作指南版本更新至 2013 年，最新的操作指南版本中有关符合世界文化遗产的 6 条标准分别是：

（i）represent a masterpiece of human creative genius;

（ii）exhibit an important interchange of human values, over a span of time or within a cultural area of the world, on developments in architecture or technology, monumental arts, town-planning or landscape design;

（iii）bear a unique or at least exceptional testimony to a cultural tradition or to a civilization which is living or which has disappeared;

（iv）be an outstanding example of a type of building, architectural or technological ensemble or landscape which illustrates（a）significant stage（s）in human history;

（v）be an outstanding example of a traditional human settlement, land-use, or sea-use which is representative of a culture（or cultures）, or human interaction with the environment especially when it has become vulnerable under the impact of irreversible change;

（vi）be directly or tangibly associated with events or living traditions, with ideas, or with beliefs, with artistic and literary works of outstanding universal significance.（The Committee considers that this criterion should preferably be used in conjunction with other criteria）.

第 v 条：是传统人类聚居、土地使用或海洋开发的杰出范例，代表一种（或几种）文化或者人类与环境的相互作用，特别是由于不可扭转的变化的影响而脆弱易损。

第 vi 条：与具有突出的普遍意义的事件、文化传统、观点、信仰、艺术作品或文学作品有直接或实质的联系。（委员会认为本标准最好与其他标准一起使用）。

以下是对我国海防历史城镇遗产的遗产价值的分析。

第 ii 条：中国明代的海防城镇是 14 ~ 17 世纪亚洲地区各国文明交流进程的见证，同时对我国沿海区域的城镇物质空间形态的发展产生了较大影响。

我国沿海地区遗存的大量明代海防城镇遗产，是 14 ~ 17 世纪期间东亚地区的中、朝、韩等多个国家，以及部分东南亚国家抗倭战争的物质见证，反映了这一时期内诸多亚洲国家相互之间的文明交流进程。同时，明代海防城镇的营建和经略等典型历史特点，反映了我国历史时期内相对保守的国防军事战略，其抗倭战争以保卫国家、保卫居民生命财产安全的正当防御为主要目的，与 14 世纪地理大发现以来全球殖民进程中产生的大量殖民城镇遗产相比，具有典型的差异性。

另外，明代沿海地区官方和民间兴起的大量筑城活动，对该地区的筑城制度和城镇空间形态产生了较大的影响，是整个明代区域筑城史的重要组成部分。如明代海防卫所筑城在选址、建置、规模、形制等方面的显著特征，能很好地反映明代海防卫所制度的一些整体和区域特点；又如明代沿海地区的海防城镇与地方行政城镇中普遍存在的外城形制，尤其是海防所城和地方县级城镇中产生的类型丰富、独具特色的防御性外城形式，打破了常规的以单一城墙为特征的县城城防格局，属于明代沿海地区筑城活动中的突破和革新。

第 iii 条：漳州地区的明代海防城镇遗产，是已经消失的明代海防制度及仍在延续的海防聚落景观和文化传统的重要物质见证。

漳州地区的明代海防城镇遗产包括明代官方修筑的海防卫所城镇遗产，以及民间参筑的大量堡垒型海防城镇。其中，海防卫所城镇遗产是已经消失了的明代海防卫所制度，包括移民戍边和军事屯垦等制度的物质见证。而漳州地区至今仍保存完好的大量堡垒型城镇遗产，以及其他堡垒聚落遗存，仍然延续了明代海防时期形成的社会生产、生活方式和文化传统，是明代海防历史与文化的重要见证。一些海防历史城镇具有遗产价值的唯一性，如诏安古城是明代沿海地区卫所转县型海防城镇中唯一保留下来且遗存完好的历史城镇；又如铜山所城是明代少数海岛型海防卫所城镇中唯一遗存至今的历史城镇，是明代在海岛地区经略海防的历史见证。

第 iv 条：我国明代海防历史城镇是地方城市发展和城镇规划的典范，以及地方传统建造工艺的典范，展现了明代以来的海防筑城时期及后海防时期城镇发展的几个重要阶段。

现有的海防历史城镇物质遗存是明代海防筑城制度的重要物质见证。如诏安古城内密集分布的大量牌坊，是明代海防筑城时期的基本街巷格局和后海防时代地方教育文化相互叠加的印记，具有较高的遗产研究价值。1988 年和 1995 年，我国著名古建专家郑孝燮、时任故宫博物院副院长单士元、时任国家文物管理局地面文物处处长郭方再和时任福建省文化厅文物管理处处长吴玉贤等人曾先后多次莅临诏安考察，认为如此密集、完整的石牌坊群在国内亦属罕见，具有很高的历史文化价值，而诏安是福建省罕见的高历史文化价值区，是一座很吸引人的文化古城。

明代海防历史城镇及其他海防聚落展现了大量具有前瞻性的城镇规划理念和高超的城防工程建造技术，以及中国传统文化背景下沿海不同地区独特的建造工艺和建造传统。

闽南地区遗存的大量民间土堡和楼堡，反映了唐宋以来北方汉族大量南迁后在闽南地区的聚落生存空间状态，其防御性规划布局和三合土夯筑建造技术非常独特，如福建土楼的墙体绝大多数为三合土夯筑，用料讲究、工艺高超、质量上乘，保存数百年强度不减。早期的一些土楼，甚至不用石地基，直接从地面上夯筑。闽南沿海地区的防御性楼堡，取材于当地廉价易得的贝壳等原料，运用三合土夯筑技术建造了大量形式独特而又坚固耐用的土堡和土楼。漳州地区至今仍存有多座完好的明代楼堡，并经历了台风、地震等多重考验，反映了中国福建沿海地区独特的建造工艺和传统，在世界范围内具有典型性。福建土楼的海防历史属性也是已列入世界遗产名录的遗产价值中尚未被提及和重视的部分。

第 v 条：人类开发利用滨海、海岛地区，以及征服海洋的范例。

明代的海防历史城镇大多修建于偏远的边疆地区，这里的生存和发展环境较差，明代通过卫所制度中的军屯、商屯等形式，加强了边疆地区的土地开发利用，一些聚落的发展在局部范围内改造了当地的地理环境和聚落生存环境，如铜山所的城镇聚落发展大大改善了东山岛内的局部风沙环境，对保持水土和发展农业生产起到非常好的促进作用。这些都是人类改造自然地理环境，征服海疆的范例。

第 vi 条：展现了明代特殊的海防形势下，我国海疆地区的宗族社会组织架构，以及复杂而多元的文化信仰，并与地方传统剧种和宗教等有着密切的联系。

闽南地区海防历史城镇至今仍存的大量鲜活的民俗信仰，反映了当地多元而复杂的地方社会风貌。大量保存完好、分布密集的宗祠民居等，又反映了闽南地区独特的移民文化和当地聚族而居的独特社会组织结构。非物质文化传统与城镇物质空间相结合产生的独特城镇聚落文化景观，在地区乃至全国范围内具有遗产价值的唯一性，如铜山所内的关帝信仰衍生的城镇物质空间。

另外，我国具有复杂的岸线条件，也有非常优美的海滨及海岛自然环境，部分海防历史城镇所在的地理环境是地球演化史中重要阶段的突出例证，如铜山所城所在的东山岛大陆桥，是地球地质年代的重要证据，与世界遗产评定标准第 8 条中描述的遗产价值相符。

4.5 本章小结

本章选取了诏安古城、梅洲堡城、铜山所城三个在沿海地区具有典型代表意义的海防历史城镇类型，分析行政型、堡垒型、海岛型海防历史城镇的遗产特色和遗产价值。并通过与世界遗产名录中其他国家的海滨、防御城镇的对比分析，指出以漳州地区为代表的明代海防城镇遗产，具有海防城镇类型的代表性、遗产价值的唯一性、地域民俗文化的典型性等方面的突出特点。

通过以三个案例为代表的漳州地区明代海防城镇遗产的综合分析，本书认为其具有突出普遍价值，如反映了14～17世纪亚洲地区各国文明交流进程，是已经消失的明代海防制度及仍在延续的海防聚落景观和文化传统的重要物质见证，是地方城市发展和城镇规划的典范，以及地方传统建造工艺的典范等。

我国海滨及海岛城镇遗产，尤其是海防历史城镇类遗产，是地域和文化传统上有代表性的遗产类型，符合世界遗产全球战略的指导精神，与世界遗产名录中已有的海滨防御性历史城镇相比，我国的明代海防历史城镇具有建成时间早、时间跨度大、遗存规模大、遗产的系统性较强，以及遗存类型丰富等特点，反映了本地文化传统特色，是未来国内遗产工作潜在的努力方向之一。海岛地区的海防历史城镇是我国明代以来海疆经略的缩影，具有典型的遗产价值，其现状遗存极少，保护问题亟待解决。

同时，漳州地区的海防城镇遗产的实证研究，亦可为我们深入发掘已列入世界遗产名录中的福建土楼的遗产价值提供更多的可能性。

第 5 章　对明代海防城镇遗产的保护与管理现状的思考

根据世界遗产公约操作指南，遗产的保护和管理工作须以保护遗产的真实性和完整性为基本原则，涉及立法、规范和契约三方面的保护措施，有效保护范围的界定，缓冲区，管理体制，以及可持续性利用等方面。

仍以漳州地区为例，笔者在对遗产价值进行系统阐述的基础上，根据世界遗产公约操作指南中有关遗产保护和管理的相关指导原则，结合在漳州地区现场调研所得的资料，尝试在分析遗产现状的各种影响因素的基础上，对海防城镇遗存现状中存在的普遍问题、保护及规划概况等内容进行分析，并提出中国海防城镇遗产申报与管理建议及对漳州地区海防城镇遗产的粗浅保护建议。

5.1 遗存现状及问题

今漳州沿海地区仍有很多地区属于偏远乡村地区，遗产现状受到自然灾害、交通、经济发展等多重因素的影响，以下是对其主要影响因素的分析。

5.1.1 主要影响因素分析

表 5-1 为第三次全国文物普查中漳州地区部分海防城镇遗存的影响因素，从表中可以看出，水灾、生物破坏、腐蚀、污染是最主要的自然因素；年久失修、生产生活活动、不合理利用是最主要的人为因素。前者和漳州地区的沿海区位及气候条件密切相关（尤其是台风、暴雨的影响），后者则与城镇遗存的地理区位有关，如城中民居建筑被大量人为弃置等。这也反映了偏远地区城镇遗产保护的紧迫性。

表 5-1　漳州地区第三次全国文物普查中部分海防城镇遗存的影响因素概况

遗产类型	遗产名称	自然因素											人为因素					
		地震	冰雹	泥石流	风灾	雷电	火灾	水灾	生物破坏	污染	腐蚀	沙漠化	其他	战争动乱	生产生活活动	年久失修	不合理利用	盗掘盗窃	违规发掘修缮	其他
海防卫所	六鳌城	√		√	√			√					√		√	√	√		√	
	铜山所城				√				√							√				
	悬钟所城墙					√					√		√		√	√				√
	悬钟外城墙				√										√	√				√

续表

遗产类型	遗产名称	自然因素												人为因素						
		地震	冰雹	泥石流	风灾	雷电	火灾	水灾	生物破坏	污染	腐蚀	沙漠化	其他	战争动乱	生产生活活动	年久失修	不合理利用	盗掘盗窃	违规发掘修缮	其他
海防堡垒	梅洲堡				√	√		√	√	√	√		√	√	√	√	√			√
海防堡垒	城垵古城								√	√				√		√	√			
	赵家堡	√					√	√						√		√	√			√
	诒安堡						√	√						√		√	√			√
巡检司	金石巡检司								√	√										
海防城镇空间要素	（铜山所）东山关帝庙								√	√						√				
	（悬钟所）南门关帝庙				√	√		√	√			√								√
	（铜山所）水寨大山								√	√								√		
	悬钟古井									√										√

注：表中资料为作者根据全国第三次文物普查工作中漳州地区各市县的最新文物普查资料整理统计而成。

除了以上影响因素之外，漳州地区的海防城镇遗产还受到以下人为活动的影响。

（1）岸线开发与临港工业的影响

岸线开发与临港工业的影响以城垵古城最为典型，其地处海岸线附近，由于海岸线资源的宝贵性和稀缺性，成为地方政府争相开发的对象。城垵村北莺仔山下的佛堂澳与城垵澳相连，环抱若内湖，便于避风浪，四季皆宜碇泊，为东山县境内沿岸中最优良的内澳。

东山岛是天然硅砂的主产地，目前已探明的梧龙、山只两个矿区的储量近 3 亿吨。20 世纪 70 年代末以来，东山县陆续开始投建玻璃厂等，并最终确定"充分发挥东山港海运优势是目前开发利用东山岛天然硅砂的最佳选择"，开设了投资 3 千万元、年产硅砂产品 30 多万吨（初期）至 60 万吨的东山县硅砂矿。截至 2014 年，东山县每年因硅矿新增工业产值数百万元，成为东山县经济和外贸出口的新增长点。城垵村附近硅矿资源丰富，已陆续开发了临港工业区，目前城垵村旁最大的工厂为旗滨玻璃厂，厂区仍在不断扩建中，巨大的建设规模将城垵村包围分割成一座地势低洼的孤岛，周围被高耸林立的烟囱包围（图5-1），严重破坏了古城风貌。而原来在城垵堡外围的城垵古塔（城垵堡重要组成部分）已在工厂扩建过程中破坏殆尽，遗迹无存。

海岸线资源被用于旅游开发，在海岛旅游景区是比较常见的。如铜山所城，大规模的城市化建设破坏了海岛的自然景观和人文风貌。第一是对海岛自然山体和天际线的破坏，例如已经建成的开福酒店，严重影响了九仙山作为周边山体制高点的遗产价值的真实性。第二是过度的旅游开发和不适当的餐饮管理，污染景区环境，破坏景区景观。例如内八景之一的"沙浦渔歌"（南门澳内）景点内，餐饮服务配套设施散乱，缺乏统一规划管理，沿海大堤上的餐馆，排污口未经过任何景观视线遮挡以及水质净化分类处理，直接在游人嬉戏的沙滩上架设裸露于地面的排污管道，严重破坏了海岛景观（图5-2）。

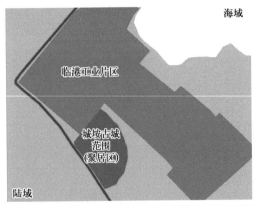

图 5-1 被临港工业包围成孤岛的城垵古城平面（左）及远景（右）

图 5-2 南门岸线餐馆的排污口

（2）城镇化进程对历史城区的冲击

诏安县的诏安古城地处城市建成区，面临着比较突出的古城保护与城市更新的矛盾。

环城路内的老城区建筑密度过高，一方面大量增建的现代建筑和违章建筑侵占古城主干道，破坏了原有的老城肌理和传统院落风貌；另一方面，主城区内缺乏绿地和必要的公共空间。清代以来，城市肌理的破坏主要体现在两个方面：一是1936～1938年拆除城墙后，城市东北片区民居建筑大量扩张，侵占了旧城墙和城河基址，严重破坏城市东北片区的肌理；二是新建民居侵占破坏了明代城市建设时期形成的十字街交通干道，导致城内"东西通而不畅、南北不对接"的路网格局。诏安古城的城郭局部不清晰，主干道格局被破坏，即便是现阶段，旧城核心区内的破坏和新建活动仍在继续。目前在主城区，即核心保护范围内，超过3层的混凝土建筑正在修建以置换原有的传统建筑。

现存的另一个严重问题是旧城地面标高和城市道路建设的矛盾。目前古城的地面标高过低，而周围的城市更新速度过快，道路建设铺垫过高，外环道路已将其围合成孤岛状的洼地，旧城内地面低洼，上下水等基础设施严重滞后，洪水季节容易引发内涝和房屋倒塌。这种局面一方面来自历史原因，明代卫所筑城缺乏严谨的规划（见前章），除十字街外，城市路网和河道水系缺乏系统的组织和疏浚，城区内排水不畅的情况也屡有发生。清道光八年（1828）曾经有过系统的全城沟渠疏浚工程，但没有从根本上改变全城水系河网不畅的局面。另一方面民国以来的城市发展和民居建设也加剧了城市洪涝隐患，20世纪30年代拆除城墙及之后的城市发展使得原有的城濠水系和城内沟渠逐渐壅塞消亡。与此同时，大的洪涝灾害也时有发生。历史上光绪三十年（1904）、1932年、1944年旧城区分别发生了严重的洪涝灾害。新中国成立后不断整修和增加的城市干道，加剧了旧城区与周边的地势高差，导致旧城区在日常排污和防洪减灾方面面临双重隐患。

在20世纪80至90年代的规划设计中，旧城区局部东、南环城路段的规划发展商业的定位不当，导致环城南路及环城东路被小商品市场占用，机动车无法通行，城市道路交通状况有待进一步改善。

5.1.2 遗产现状的典型问题

漳州地区海防城镇遗产现状的典型问题，主要表现为城镇与乡村地区遗产环境的两极化发展，及城镇内外交通格局和城镇内部历史片区（民居建筑群）的发展不均衡。

（1）古城风貌片区的两极化

城镇化给不同区位的古城遗产保护带来了截然不同的影响，高度城镇化地区和偏远乡村地区出现两极化的遗产现状与保护格局。城镇化程度较高的地区交通便利，城镇建设持续推进，由于人口扩充，道路、房屋大量新建或翻新，在新建的道路两侧大量扩建宅基地与商业设施的情况十分普遍。如龙海市境内的镇海卫古城，新建筑加速更新，大量替代传统居民区，古城的物质遗存逐步消亡，这与偏远的六鳌古城（民居大量废弃）形成鲜明对比（图 5-3）。

在偏远的乡村地区，海防古城内人口大量流失，居住密度普遍较低，古城自然衰败的情况比较严重。大量老建筑被废弃而面临破败消亡，一些破旧的民居长期无人居住而自然衰亡，台风季节存在房屋倒塌等隐患，如东山县的城垵古城，正面临严重的空城化，目前城内半数以上的房屋破败，整个城墙内的村落居民入住率不足 1/3。

图 5-3 镇海卫古城（左）的旧城新居格局与六鳌古城（右）的旧城破居格局的典型对比

（2）城乡周边交通格局改变引发的古城遗存的两极化

城乡道路建设的发展亦给不同地区的古城带来完全不同的影响，笔者以诏安县境内的梅洲堡城和漳浦县境内的六鳌所城为例。

诏安县梅洲乡境内的梅洲堡城是过度的道路发展和商业开发破坏古城遗存的典型例子。由于国道 G324 穿境而过，近年来梅洲乡的乡村道路大规模扩张，道路两边的商业店面蓬勃发展，与此同时，这些村镇道路干道也在大量蚕食着农用地或建设用地，严重破坏了古城道路格局以及护城河、城墙、建筑等物质遗产。大量机动车和电动车、摩托车等交通工具的涌入，使得梅洲堡城内原有的主干道已不能满足交通出行的基本需求，引起城外道路的扩建以及城内环路的改扩建。作为城镇空间要素的城墙本体已遭到严重损害，2013 年 4 月份之前，梅洲堡城东北部分的城墙尚保存完整，到了 2013 年 7 月，此处城墙已被拆除殆尽（图 5-4）。

六鳌古城则是适度发展交通促进古城遗存保护的正面例子。一方面，新城镇建设与道路规划系统避开了古城区，古城范围内的遗存得以完整保留；另一方面，对古城范围西区的道路部分进行修建和恢复，提高了社区的可达性，确保社区居民日常生活以及古城的维护管理，从而减缓文物的自然衰败速度。与此同时，古城东区未修建环城道路的部分，湮没于荒烟蔓草间，日益衰败（图 5-5），因此道路的适度建设对古城的有效保护和永续利用具有重要意义。

图 5-4 梅洲堡城东北角被拆除殆尽的城墙

图 5-5 六鳌古城内环城道路东西两区的现状图

另外，道路增建及周边城市化，使部分古城成为低洼盆地，夏季台风期易发洪涝，如诏安古城，目前古城的主地标比古城外围的环城路低 1 ～ 1.5 米左右（图 5-6），对文庙、宗祠等重要的古城遗存及民居形成持续威胁。

图 5-6　诏安古城西门处外环路与城内的道路高差

5.2　保护与规划现状

福建地区的文物管理机制相对完善，以省级文物保护单位为例，福建地区自 1961 年至 2020 年共计正式公布 8 批省级文物保护单位，在沿海所有省份中是公布批次最多，公布频次较高的省份，先后公布省级文保单位共计 1196 项。较多的海防城镇遗产已列入文物保护单位名录中，因此福建地区的海防城镇遗产整体有比较好的保护基础。漳州地区就海防类的文化遗产保护工作做了一些有成效的努力，并且也取得了一定的成果，如其中富有成效的是漳州地区非物质民俗文化的保护工作。截至 2012 年 3 月，漳州入选世界非物质文化遗产 1 项，国家级"非遗"代表性项目名录三批 15 项，列入省级"非遗"代表性项目名录三批 51 项，列入市级"非遗"代表性项目名录四批 10 大类 84 项。如诏安县的特色非物质文化遗产——剪瓷雕工艺即在此列，并保留有非物质文化遗产代表性传承人。

另外，在文物部门管理力量薄弱，无法涉及的个别乡村地区，当地社区居民自发自愿的保护行为，为当地的遗产保护和传承起到了良好的作用，如诏安县悬钟村的关帝庙的良好状况，得益于当地老龄村民们自发的 24 小时轮流值班看护。

在肯定前人保护成果的基础上，本书尽量梳理遗产相关保护规划措施的现状及其存在的不足，以期对当地海防城镇遗产的真实性和完整性的保护有所启示。

5.2.1 规划历史及现状

漳州地区的海防历史城镇及相关遗存的保护规划现状与乡村及市县中心城区的规划现状存在较大差异，同时各市县因市情不同而存在区域差异。

部分地方市县因财政实力薄弱等因素，尚无力顾及广大乡村地区海防古城的规划保护和文物修缮工作，目前主要依靠古城内部分居民自发地维持古城个别历史建筑的日常保护，如诏安县境内的悬钟所城和梅洲堡城、龙海市境内的镇海卫城，没有相应的规划和修缮措施。被列入国家级文保单位的镇海卫城和被列入省级文保单位的悬钟所城都处于自然衰败和人为毁弃状态。

位于市县中心城区的海防古城镇的保护规划工作相对完善，例如诏安古城和铜山所城。诏安县先后于 1985 年、1994 年、2000 年请同济大学建筑与城市规划学院、福建省城乡规划设计研究院、中国城市规划设计研究院中国名城所编制了《诏安县县城总体规划》，制定诏安县 1981 ~ 2020 年期间的中远期规划蓝图，《诏安县总体规划修编（2012-2030）》由雅克设计有限公司承担修编，已于 2013 年 7 月完成。总体规划包括诏安古城区的历史文化保护规划，针对诏安主城区内历史街区保护更新、文物古迹保护等内容提出规划与城市设计导引细则，将南诏古城划定为历史街区［包括核心保护区（19.2 公顷）和建设控制地带（19.2 公顷）］（图 5-7）以及环境协调区。对不同区域内的建筑功能、高度、体量和色彩等内容做了具体规定。但基本仍以粗线条的规划为主，关于古城的专项保护规划尚未出台。据诏安县文体局文博工作主管人员介绍，截至 2014 年，诏安古城的保护规划由江西文物保护中心制作，已完成前期调研，但具体的保护规划方案能否顺利实施依然有赖于县财政拨款是否到位等因素。

铜山所城曾先后于 1980 年和 1988 年由省建设委员会和县人民政府拨款修复东门两段城墙，计 600 米，并于东门建城楼一座。1984 年县政府拨款重修铜山所城及城周边相关的水寨大山风景区、东门屿风景区。1991 年，由福建省城乡规划设计院修订的《东山县总体规划（1991-2010）》确定了东山县以西埔镇、铜陵镇为双中心的"一轴双镇"规划发展思路，将铜山所城所在的铜陵镇区打造为海湾风景旅游休闲区。2013 年，《东山县城乡总体规划草案（2012-2030）》出台，进一步将东山关帝庙所在的风动石景区纳入东山县东部海岸的滨海旅游带，但保护范围仅涉及以风动石景区为主题的海岛岸线，对铜山所主城区基本没有涉及，亦无针对古城的专项保护规划。

文物数量多、分布密集的市县，如漳浦县，文物保护工作相对完善，保护规划和文物修缮工作比较到位。2012 年 12 月，由江西省文物保护中心制作的《六鳌城城墙维修设计方案》出台，是当时漳州地区有关海防城镇的唯一一个已完成方案并实施的专项文物修缮方案。海防聚落遗产中的赵家堡、诒安堡的专项文物保护规划亦由江西省文物保护中心主持。

在非城镇的海防聚落中，赵家堡的保护规划现状具有代表性。该地区作为漳浦县内的地方文化和旅游品牌，自 20 世纪 80 年代以来得到了持续关注。20 世纪 80 年代由天津大学建筑系制定保护规划方案，赵家堡经历了一次系统修缮，堡内的建筑得到了恢复。规划方案中欲将当时堡内民居全部迁走，使赵家堡发展为博物馆式的保护展陈方式，终未实现。2009年，由宁波红树林旅游规划设计有限公司承制《福建赵家堡旅游区总体规划》（图 5-8，表 5-2）；2012 年 11 月，由厦门大学管理学院、济南三大旅游咨询有限公司承制的《漳浦县旅游发展总体规划》完成，其中大量涉及赵家堡的旅游规划内容（表 5-3），但这些内容存在对遗产价值过度夸大和曲解，以及规划策略过度商业化等倾向，对聚落遗产可能会产生较大的负面影响。

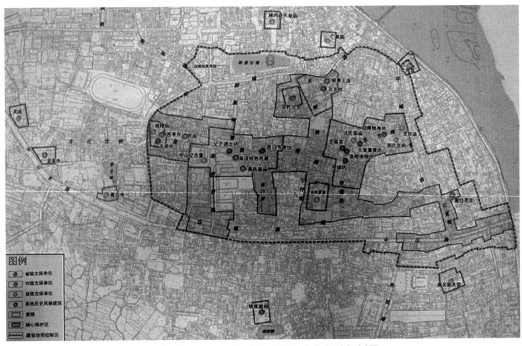

图 5-7 《诏安县城总体规划修编（2012-2030）》中的"历史文化保护规划图"
注：图片资料为作者从诏安县城乡规划建设部门所得。

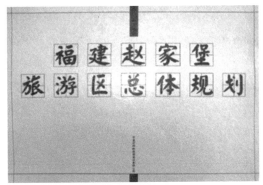 

图 5-8 漳浦具有关海防历史城镇级聚落的专项规划（左）、修缮（右）方案
注：资料为作者从漳浦县文物部门所得。

表 5-2 2006 年《福建赵家堡旅游区总体规划》的主要内容

条目	规划内容
价值认知	1. "闽南汴京,皇家城堡" "庭院汴京城,宋史教科书",以及 "龙子龙孙的今昔生活,完璧归赵的王族情结"; 2. 属于灭国之皇族后人聚族而居,传之数百载之建筑,但其布局及构造无不显现出帝王之气; 3. 赵家堡古建筑群至今犹存,居住城内的一百户六百多名赵氏后裔,仍沿袭赵氏祖先习俗,洋溢着一派宋代汴京市井生活气息
规划思路	1. 强调整个旅游区 "天皇贵胄" 的归属意识,让游客体味皇家的繁华生活,形成休闲空间。为此在赵家堡的外围设置 "金明池" 服务区和皇家苑囿。以 "活着的王城,汉族后裔的聚居地" 为主题,让游客零距离真实感受皇室后裔的今昔生活; 2. 赵家堡与诒安堡、蓝廷珍府第一起加以修缮,开发成 "五里三城游览区"
规划总体定位	世界上唯一 "活着的王城",传之数百载的皇族后裔聚居地
规划目标	1. 成为漳州乃至福建省唯一以宋文化为主线的泛主题公园; 2. 成为世界上唯一以体现灭国皇室后裔聚居生活为特色的旅游区; 3. 赵家堡是世界上唯一由灭国皇族建居的城堡,是国内至今为止稀世罕见的仿宋城堡
经营战略	1. 参照上海新天地的思路,"外貌整旧如旧,内部改变原先的居住功能,赋予其新的商业经营价值……进行特色商业化经营"; 2. 全方位挖掘并活化赵家堡那段曾经辉煌的宋文化历史。不但将赵家堡定位为宋文化风貌区,并连同 "五里三城" 一起,规划为宋文化风貌体验区
市场营销策略	希望通过项目策划,扩大皇家后裔影响,获得海外赵姓后人的认同感,创建赵家堡 "认祖归宗" 式游览模式。以赵家堡内的赵氏宗祠为依托,以宗族的祭祀形式,吸引东南沿海地区的赵氏皇室后裔……参照宋代宗法,形成一套完整的宗族礼仪,每年定期举行祭祀活动

注:资料为作者从漳浦县旅游部门所得。

表 5-3 2012 年《漳浦县旅游发展总体规划》对赵家堡的规划定位

条目	规划内容
价值认知	赵家堡是世界上唯一的灭国皇族建居的城堡,占地 173 亩,城墙长度 1082 米,是国内至今为止罕见的仿宋古城堡,属国家级文物保护单位。赵家堡的 "宋文化遗存" 是目前国内皇室后裔聚居区的典型代表,具备申请世界文化遗产名录的资质
规划主题	赵家堡 "宋文化遗存" 世界文化遗产旅游区规划,充分利用赵家堡的宋文化遗存和 "五里三城" 的资源独特性,逐步打造以赵家堡为核心的 "五里三城" 文化旅游品牌
项目目标	将赵家堡打造成以 "宋文化遗存" 为主题的世界文化遗产,列入世界文化遗产名录
项目定位	以赵家堡的 "宋文化活化石" 为主题,创建一处以 "现代人可观赏、可体验的宋皇室家族聚居区" 为核心定位的宋文化风情旅游区。建成集文化体验、建筑艺术欣赏、历史知识普及、民俗风情体验和生态园林景观于一体的旅游区。同时,挖掘湖西涉台文化元素,提升景区的文化内涵。与同为 "国保" 单位的诒安堡、蓝廷珍府第相邻,三城同时开发,可建成 "五里三城游览区"

注:资料为作者从漳浦县政协等相关部门所得。

5.2.2 保护及规划问题

按照世界遗产的真实性和完整性的保护原则，以及对保护范围科学界定的原则，结合笔者现场调研，漳州地区海防城镇遗产的保护及规划尚存在以下问题。

5.2.2.1 遗产价值真实性认知偏差

目前漳州地区在对海防历史城镇及其他海防聚落的保护中，存在对海防城镇的遗产价值真实性认知的严重偏误。民间对城、堡、寨等名称的混用，造成了对海防城镇遗产实体及价值认知的不清晰。目前在海防城镇和海防聚落的保护规划中，对"历史城镇"的概念认知本身存在着巨大的偏差，而在此基础上又有对"海防历史城镇"的误读，最典型的误会当属漳浦县湖西乡的"五里三城"。

"五里三城"中的"三城"指的是赵家堡、诒安堡和蓝廷珍府第，而赵家堡作为国家级文物保护单位，具有较高的文物价值，并且已形成相对稳定的游览客流。但"五里三城"中的三城，只是海防遗产中的家族聚集区，以小型聚落或建筑群为主，尤其是蓝廷珍府第为比较纯粹的楼堡建筑或民居院落群。蓝廷珍府第亦被称为"院城"，实际上蓝廷珍府第系清康熙年间曾任福建水师提督的蓝廷珍所建，其修建时间不是明代倭患时期，其修建目的自然也不是防倭，并且，该府第应归入堡垒建筑中的楼堡，而绝非真正意义上的城。尽管其称谓本土化后有"城"的叫法，但其遗产价值真实性的偏失仍不容忽视。

对于历史城镇、海防历史城镇，以及海防遗产价值本身，存在多重误解的当属赵家堡。赵家堡聚落的起源与宋皇室的渊源关系在其后来的发展过程中经过种种民间传说的发酵，以及刻意的旅游营销等因素的推动，逐渐偏离了史实。

近年来，当地政府、业界专家及民众普遍对其价值进行过度拔高，将其与赵宋皇城过度联系，认为其模仿宋汴京城格局而建，其内外城格局和园林景观均为皇城遗风。

5.2.2.2 海防历史城镇定位的缺失

部分现有的保护规划没有体现出遗产本体曾作为海防城镇的历史背景。以诏安县为例，诏安县近年制定的所有规划文本，包括《诏安县 2012–2030 年城市总体规划》中都没有提到过海防古城的历史。古城作为明代漳南地区重要的海防城镇的历史完全被忽视，对于诏安古城的历史渊源和发展建置过程，尤其是明代的海防筑城阶段和后海防时代的城市建设时期，目前没有任何提及，而这两个重要的城镇发展时期对应的古城历史价值也随之缺失。但这段历史对于整个诏安古城的历史文化价值形成至关重要。

然而，目前人们对诏安县城的城市定位和城市历史文化价值的认知偏重"书画艺术之乡""中国民间文化艺术之乡"以及"非物质文化遗产大县"，欲通过与诏安特色的书画艺术结合来提炼和突出城区的文化韵味和历史厚重感，打造城市名片及旅游服务基地。这种对城镇历史定位的巨大偏差，严重影响对诏安古城遗产价值真实性的判断，导致在此基础上制定的保护规划方针不合时宜。

遗产定位和价值认知的不清晰，不仅是对于诏安古城，其他海防卫所和民间海防堡城、海防聚落都普遍存在这种情况。如铜山所城，当地的发展强调单一自然环境作为海岛风景区的重要性，而忽略了与之一体的聚落的重要性，而铜山所城作为历史上具有重要海防战略地位的所城（海防战略地位见《福建海防史》），其遗产价值无人提及，也无人涉及相关保护。又如东山县境内的康美土堡是明代后期建立的典型抗倭土堡，但外界对其认知和研究多限定在"天地会总舵"及其相关议题。

5.2.2.3　对遗产价值完整性的割裂

漳州地区的海防城镇遗产保护中，对遗产价值真实性的割裂，主要存在以下几个主要方面。

（1）对历史城镇及城镇空间要素完整性的割裂

以镇海卫城为例，从镇海卫城的文物本体来看，城内街巷和传统肌理遭到完全破坏。城镇社会生活的内涵和传统文化式微。而目前对于镇海卫城的价值评定，主要集中在对卫城防御工事（即城墙）的价值评定和保护上。可见，目前的文物评定体系对历史城镇的认定仅局限于个别城镇空间要素自身，这就割裂了历史城镇这个概念的整体性，同时在对遗产实体的价值认定上犯了舍本（城镇物质空间和社会生活）逐末（个别城镇空间要素）的错误。这种状况在漳州地区的海防卫所和海防聚落等遗产的评定和保护中具有普遍性，如六鳌所、铜山所、悬钟所三处明代的海防卫所，其划定的文物本体保护范围均是以城墙为主体。

（2）对遗产所在地人文与自然景观的割裂

自然和人文聚落景观是海防城镇遗产必不可少的两个方面，铜山所城将自然景观部分单独划出作为旅游景区，并设置围墙将其与城镇居民生活区割裂，当地政府这种将自然景观和人文聚落景观进行割裂的做法，导致形成泾渭分明的海岛旅游景区和城镇聚落两个区域，破坏了海防城镇遗产的完整性，同时也降低乃至忽略了城镇人文社区生活作为遗产主体的重要性。

（3）对物质遗产和非物质文化传统的割裂

漳州地区在保护相关遗产的工作中，对非物质文化遗产的重视程度远高于物质遗产。这与地方的经济实力和文物部门的人员构成和人员素质有一定的关系。地方市县文物部门的管理人员数量不足，而人员的专业素质和业务水平也参差不齐，造成了对物质遗产的专业认知、维修管理不足。尤其是从专业角度，如从世界遗产高度来认知文物价值，确定遗产的真实性和完整性，存在着一定的困难。

以诏安古城为例，从诏安县文物主管部门的工作报告来看，诏安县的主要文物保护工作偏重非物质文物遗产的抢救发掘和保护方面，包括专门下发的《诏安县非物质文化遗产实施方案》《诏安县关于开展闽南文化生态保护工作纲要》等工作文件，组织了非物质文化遗产名录项目及代表性传承人申报工作，重点开展民间非物质文化遗产"沈氏艺圃家族剪瓷雕"保护成果等展示活动，建立工艺保护与传承示范点。而对于物质遗产，尤其是对诏安古城物质空间保护的重视程度远远不及非物质文化遗产。须知皮之不存，毛将焉附，物质空间不复存在，非物质文化也将难以传承。

从目前的文物比例来看，诏安古城的物质遗产，尤其是建筑遗产在形式上占据了诏安县物质遗产的重要组成部分，以省级文保单位为例，诏安县面积1247平方千米，境内省级文保单位共计14处，其中半数（7处）都集中在面积不足1平方千米的诏安旧城范围及原城墙周边地区。诏安古城在整个诏安地区的物质、非物质文化遗产价值的代表性和集中程度方面，都处于独一无二的重要地位。因此，城镇物质空间的保护工作理当作为古城保护的首要任务，且不局限于单个文物的保护，而应以历史文化名城的总体目标和原则为导向进行城镇空间的整体保护。

5.2.2.4 有效保护范围的界定偏误

目前漳州地区的部分海防历史城镇遗产存在对遗产有效保护范围划定失误，以及有效保护范围过小等问题。影响了古城相关保护规划的可信度和下一步的保护与修缮工作。

以诏安古城为例，在诏安县 2012 ～ 2030 年的总体规划中，关于诏安古城的保护部分和针对历史街区进行保护的部分，前期的调研工作和基础资料收集不够充分，关于古城的历史信息更新不及时，导致规划范围的划定存在诸多问题，其中紫线范围划定不准确是其最大问题。2012 年版规划采用的底图是 2004 年以前的城区图纸资料（图 5-7），其中"历史文化古街"（旧城西门外的西关中街）两侧的传统肌理片区在 2010 年前已被完全拆除，之后新建为商业街。再者，规划文本未及时采用第三次全国文物普查的诏安县最新文物普查数据，导致文物数量及分布统计不准确，多处文保单位定位错误（如"威惠王庙"等），如中山路南的省保单位沈氏家庙及明宪宗祠的遗漏，而错误划定了一些完全不相关的现代建筑（如县府前街东段 2004 年后新建的混凝土商业建筑）。

诏安古城保护范围过小，其以文保单位的点状分布为基础，作孤立、割裂的片段式保护片区的划定，导致紫线范围、核心保护区和建设控制地带范围过小，没有照顾到道路街巷格局的骨架特征，以及传统肌理风貌片区的完整性。不利于古城及周边历史环境的整体保护。

另外，诏安古城的旧城区局部地段已纳入规划建设范畴，对该地段的规划定位和建设措施均有待商榷。新的总体规划中的近期规划建设，将县府前街的城西北片区以及城西南片区分别定为文化设施用地和商业设施用地，有待优化。

5.3 申报与管理建议

5.3.1 近年来中国历史城镇申遗动向

从第 1 章相关内容的分析可以看出，海滨及海岛地区的历史城镇，尤其是具有鲜活的本土文化传统特色的遗产，可从多层级地理区域和文化形态上弥补世界遗产名录的代表性和平衡性不足的问题，也是亚太地区以及我国世界遗产工作扩展的方向之一。

我国拥有超过 3.2 万千米的海岸线，其中大陆岸线约 1.8 万千米，海岛岸线约 1.4 万千米。这些地区拥有丰富的遗产资源，是人类开发海洋这一典型人地关系的例证，具有广阔的发掘潜力。另一方面，虽然沿海省区世界遗产的代表性从近年才开始逐渐显现，但在国内主要的文化遗产登录系统中，东部沿海省区一直是各类遗产资源集聚的传统优势地区。仅以国家级文物保护单位和国家级历史文化名城 / 镇 / 村体系为例，沿海省区的国土面积占大陆省区的 13.32%，但截至 2013 年我国公布的七批全国文保单位中，沿海省区在各批中的数量比重均保持在 31%以上；该区域内国家级历史文化名城、名镇、名村分别为 38 个、77 个和 67 个，分别占各自总数的 38.38%、42.54% 和 39.65%，可见其比重之大。

我国的历史城镇类遗产资源（历史文化名城 / 镇 / 村、历史文化街区等），位于海滨及海岛地区者不在少数，其中一些典型专题在中国世界遗产名录和预备名录中的代表性尚未体现，或可成为未来世界遗产代表性重点扩展的潜在方向。

在地理区域上，海岛地区应为重点扩展的方向之一，目前我国的海岛市县有十余处，其中厦门岛、舟山群岛等遗产资源聚集地的优势尚未体现。发掘这些地区的历史城镇资源，不但符合全球战略精神，而且对挖掘我国海疆地区的遗产价值，保护我国海洋自然和文化遗产具有重大的现实意义。

在本土文化传统上，海防城镇、海滨或海岛传统聚落等具有较大潜力。我国海滨及海岛地区的大量卫、所等海防历史城镇（遗址），是明清时期在国家战略层面上构建的纵跨整个海岸线的严密防御体系，并具备官方构建和民间自筑相结合、军工配套等特点，是以海防为鲜明特色的历史城镇，反映了明清时期中国海疆地区抗击外来侵略的重大历史事件，其体系、规模及地域跨度等特点均具有独特性，其城镇形态和社会组织方式基于中原传统，又融入了沿海各地的地方文化特色，是典型的本土文化产物。同时，该类遗产具备明显的线性遗产和系列遗产的特征，符合近年我国遗产申报的主流趋势，是具有较大申遗潜质的历史城镇类型。此外还有反映海洋性生活方式和特殊海洋利用方式的海滨或海岛传统聚落，如山东荣成市的东楮岛村，以及以文化或教育为专题特色的海滨或海岛城镇。

从全球历史城镇类世界遗产及近年我国文化遗产的整体申遗动向看，受全球战略行动框架的有效指导，全球、区域及国内文化遗产代表性和平衡性不足的问题正得到明显改善，但从根本上改变尚需时日，中国作为遗产大国所面临的遗产申报形势将日趋严峻。同时，在地理区域和活文化的代表性方面，本土文化传统下的海滨及海岛历史城镇类遗产在亚太地区及国内的代表性均明显不足，加快对该领域的遗产价值发掘，或可为我国历史城镇类遗产乃至为整个文化／混合遗产申报指明潜在方向。

5.3.2 海防历史城镇的整体申遗设想

中国明代的海防城镇遗产具有一般的历史城镇或城镇空间要素遗产所不具备的特点。

① 时间、空间跨度广，为全球其他军事防御性遗产所不及。

② 遗产实体体系完整，为单体或孤立的防御堡垒建筑、城镇所不及。

③ 具有线性文化遗产的特点，具有很强的地域关联性，以及区域差异性和典型性。可以反映同一文化背景下的不同地域特点，以及中西文明背景下海洋性聚落生活方式和社会生产生活结构的共性和差异性，具有极强的代表性。

海防历史城镇作为海滨历史城镇中的主要组成部分具有非常好的本土特色和代表性，因此是未来一段时间可予以重点考虑的申遗类型。在未来可能的遗产申报和保护工作中，应以区域性的海防历史城镇体系为整体，申报纵跨整个东南海岸线的线性整体遗产项目。不仅以现有文物和名城／镇／村系统中的遗产名录为主，更应该以明代沿海地区曾独立存在的海防历史城镇为遗产资源基础，进行整体研究和联合申报。

同时，海防历史城镇的整体保护规划框架应扩大。《大遗址保护"十二五"专项规划》中明清海防大遗址项目（辽宁、河北、天津、山东、江苏、上海、浙江、福建、广东、广西、海南），不应仅仅局限于大遗址的保护，更应该是对现存的活的历史城镇与建筑进行更大范围和程度的保护。

当然，对海防城镇遗产的申报、保护和管理是一项系统工程。就我国沿海地区的海防城镇遗产的现状而言，可能还远未达到真实性和完整性的要求，因此可能还不具备申报的条件。但其所代表的突出普遍价值和在文化、地域层面的代表性不容置疑。相关的遗产管理机构可以从正确认知和评估海防城镇遗产的价值开始，开展相应的保护和管理工作。

5.4 保护与整修建议

5.4.1 遗产价值的科学认知

目前对历史城镇及民间堡寨作为明代海防历史城镇及附属堡垒的遗产认知不足，地方政府的重视程度亦不够。现有的诏安古城的保护规划，没有任何关于诏安古城作为南诏所城的历史信息。民间堡寨，如赵家堡、诒安堡等也很少涉及海防内容，应加入对海防遗产历史信息的发掘。

5.4.2 保护范围的科学考量

由于海防古城的档案信息未及时更新，以及遗存现状调查工作不够准确细致等，现有的规划工作中对古城保护的内容存在较大的疏漏。

实际上，核心区和缓冲区的划定是世界遗产公约操作指南中，将"有效保护的界限"作为遗产真实性和完整性的重要途径之一。诏安县总体规划中对诏安古城核心区的保护和建设缓冲地带，除了因信息不对称而导致的疏漏之外，其保护范围划定得太小，将历史上的南诏古城墙内的主要文物和历史建筑，以及城墙外东部和南部的历史片区都排除在外，严重影响了遗产的完整性，不利于古城风貌的存续。

笔者根据现场调研的结果及全国第三次文物普查资料，在深入分析的基础上尝试划定可供参考的保护范围（图5-9）。

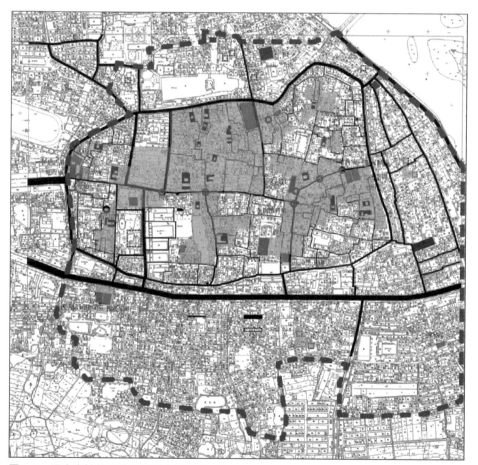

图5-9 诏安古城的风貌保护核心区及缓冲区

注：图片为作者根据从诏安县城乡规划建设部门所得的诏安县城区 CAD 图为底图，结合在现场调研所获的第一手资料自绘而成。

5.4.3 特色材料技术的传承

围绕世界遗产的真实性原则，宜对漳州地区海防城镇遗产的建造材料真实性进行专项保护，目前漳州地区城镇遗产建造材料和技术的两大特色：一是大量用于历史建筑上的剪瓷雕工艺；二是漳州地区土堡和土楼中采用的三合土和生土夯筑技术。就前者的保护而言，建议与漳州地区的传统剪瓷雕工艺的材料来源地，即几处比较重要的窑业遗址，如官陂镇的上碗窑遗址进行关联保护。同时，对于剪瓷雕工艺的传承，要更多地体现在建筑等物质空间上。

福建地区有土堡、土楼的建造技术，漳州的沿海地区又有自身的特色，应针对自身的特色展开针对性的保护。

5.4.4 遗产管理工作的完善

由于福建地区的文物管理机制相对完善，目前比较重要的海防城镇遗产的保护和管理主要依托文物部门展开。在原有的保护和规划工作基础上，漳州地区的文物"四有"工作（有保护范围、有保护标志、有记录档案和有保管机构）需进一步完善，文物信息（文物等级标识牌等）也需及时更新。笔者在漳州地区的实地调研中发现，文物保护单位的保护标示系统非常不完善，很多文物的等级提升后，标示牌却没有及时更新，如漳浦县的六鳌所城于2001年1月已升级为福建省省级文保单位，但文物标识碑仍是1985年被列入县级文保单位时所立碑刻（图5-10）。

图 5-10 漳浦县六鳌所城北门外所立的文物标识碑（1985 年立）

另外，广大乡镇农村地区，文物档案的收集保存和整理工作非常不理想。据诏安县悬钟所城的实地调研得知，城内的重点文物区域（关帝庙及果老山题刻区域），由于县财政困难，并未设立专门的文物管理机构或工作人员，目前对于关帝庙等文物的保护主要靠城内居民（以老年人为主）自发保护为主，而文物档案资料在近年来的小组长交接过程中已经遗失殆尽。对此，当地的文物部门应提高档案的保护管理意识并完善相关措施。

5.4.5 立足个案特色的措施

根据漳州地区海防历史城镇的不同特点，宜制定具有针对性的保护措施，针对三类典型的海防历史城镇及聚落其保护建议如下。

（1）卫所转县类海防历史城镇

如上文所述，诏安古城是目前沿海地区唯一一座保存完好的卫所转县类海防历史城镇，其本身的示范意义较大。针对诏安古城的古城环境，应加强以下方面的建设。

① 对保护规划定位的偏差予以纠正，突出诏安县城在漳州南部乃至闽南海防地区的重要性，以及作为海防城镇的突出特点。将诏安古城和悬钟所城联动保护，作为诏安县海防文化遗产的代表。

② 重点恢复古城道路格局和街巷公共空间，即以十字街为主要骨架的古城主干道城池空间。文昌宫外围沿街的混凝土建筑，作为后期搭建已经严重堵塞了古城（尤其是明代海防时期）的十字街特色的城市主干道，应坚决予以拆除，恢复古城东西向干道的通行。

③ 针对古城最具特色的宗祠民居建筑群，建立完善的地面文物标识系统，结合诏安地区的民间建造工艺，引导社区居民和外来游客进行深度体验和互动。

④ 对古城内被大量涂盖的民居建筑构件，如很多民居大门上的石匾、檐下的木雕等都应清除涂盖物，还原建筑真实的历史面貌，增强遗产价值的真实性。

⑤ 建立民间建造工艺的保护示范和展示基地，在保护和传承民间工艺的同时，也可以成为对外弘扬地区建造文化的一个窗口。

（2）海岛型历史城镇

针对铜山所城这样的海岛类海防历史城镇，其保护规划工作建议如下。

① 针对国内目前海岛历史城镇遗存少，保护状况堪忧的局面，应以铜山所城为中心，建立海岛历史城镇保护示范点，尤其注重对海防历史城镇遗存特色中的海岛景观的维护，包括对海岛水体、岛屿、山体和天际线等自然景观和城市景观的维护，以及对在此基础上发展而来的海防人文聚落景观的维护。

② 协调铜山所城所在地的人文与自然环境的和谐发展，而非人为地割裂自然与人文环境的密切联系。在东山县确定的一轴双镇规划发展建设方针中，应加大对铜山所城人文聚落的拨款和修缮，并考虑将其纳入已有的海岛旅游景区规划中，对铜山所城内的特色居民进行维修，使其成为具有海岛人文景观和海岛聚落特色的城市公共空间，增强当地居民的社区认同感和外来游客的旅游体验满意度。

③ 对已开发的海岛景观游览区，应加强对景区的监控管理，合理布局餐饮、住宿、停车等基础服务设施，减少对景观的负面影响。

（3）堡垒型海防筑堡

针对以梅洲堡为代表的漳州地区海防类民间筑堡，其保护规划工作建议如下。

① 从科学地认知和评估遗产价值入手，系统地梳理漳州地区大量散落于乡村地区的海防历史城镇，并将其与其他类型的海防居住建筑或聚落进行区分，以突出历史城镇的整体性和完整性。

② 将漳州地区的土堡、土楼类海防城镇遗产作为福建土楼的重要组成部分，结合漳州地区土楼的自身特点，进行土楼世界遗产价值的再发掘。

③ 加强对海防聚落典型的自然与人文环境的保护（例如孕育梅洲堡的"莲花地"的自然环境）。

④ 加强对海防聚落内宗祠、庙宇等民俗信仰空间的保护。

5.5 本章小结

本章试在分析漳州地区城镇遗产现状主要影响因素的基础上，指出遗产现状和保护规划中存在的主要问题。

受到多种因素的影响，目前不同认识主体对海防城镇遗产的价值真实性认知和遗产定位都存在明显的偏误，出现将聚落和建筑综合体混同为历史城镇的误区。在海防遗产价值突出的古城和聚落遗存中，遗产的海防历史信息和历史价值普遍受到忽视。而在遗产保护策略上，受到各地政府不同保护政策的引导和不同利益主体的影响，海防城镇遗产的保护出现了重非物质文化遗产保护而轻物质遗产保护，重自然景观保护而轻人文聚落保护等问题，割裂了遗产的真实性和完整性。

此外，根据海防城镇的遗产价值特点，本文亦提出了遗产申报和管理建议，以漳州地区为代表的明代海防城镇遗产具有时间和空间跨度大、系统性极强等典型遗产特点，具有非常好的本土特色和代表性，因此是未来一段时间可予以重点考虑的申遗类型，但需要明确的是海防城镇遗产的申报、保护和管理工作是一个长期的过程。

最后，本章立足于漳州地区的遗产现状，提出了关于遗产价值的科学认知、保护范围的科学考量、特色材料技术的传承等方面的粗浅建议，以期对海防城镇遗产的保护有所裨益。

主要参考文献

[1] 常青.瞻前顾后与古为新同济建筑与城市遗产保护学科领域述略 [J].时代建筑, 2012, (3): 42–47.

[2] 陈学文.明中叶以来江南城市化的新格局——永昌堡兴建的价值与意义 [J].浙江社会科学, 2012, (2): 126–130, 125, 159.

[3] 戴湘毅,阙维民.世界城镇遗产的申报与管理——对《实施保护世界文化与自然遗产公约的操作指南》的解析 [J].国际城市规划, 2012, (2): 61–66.

[4] 戴志坚.闽台民居建筑的渊源与形态 [M].北京:人民出版社, 2013.

[5] 方明,宗良纲.论江苏海岸变迁及其对海涂开发的影响 [J].中国农史, 1989, (2): 31–37.

[6] 冯贤亮.城市重建及其防护体系的构成——十六世纪倭乱在江南的影响 [J].中国历史地理论丛, 2002, (1): 12–30, 159.

[7] 福建省地方志编纂委员会.福建省自然地图集 [M].福州:福建科学技术出版社, 1998.

[8] 高新生.海防的起源和海防概念研究述评 [J].中国海洋大学学报(社会科学版), 2010, (2): 22–28.

[9] 顾诚.明帝国的疆土管理体制 [J].历史研究, 1989, (3): 135–150.

[10] 中华人民共和国自然资源部.HY/T 094–2022.沿海行政区域分类与代码 [S].北京:中国标准出版社, 2022.

[11] 剑桥大学出版社.高阶英汉双解词典 [M].北京:外语教学与研究出版社,伦敦:剑桥大学出版社, 2008.

[12] 解放军驻闽海军军事编纂室.福建海防史 [M].厦门:厦门大学出版社, 1990.

[13] 李辉.明代基层海防战区地理研究 [D].北京:北京大学, 2012.

[14] 李雄飞,谢早南,李日春,等.漳州市赵家城古堡保存规划 [J].城市规划, 1990, (5): 56–59.

[15] 凌申.地名与历史时期江苏海岸变迁的相关研究 [J].海洋科学, 2002, (1): 26–29.

[16] 刘庆.城市遗产整体性保护论 [J].城市问题, 2010, (2): 13–17, 27.

[17] 卢美松.福建省历史地图集 [M].福州:福建省地图出版社, 2004.

[18] 阙维民,等.世界遗产视野中的历史街区:以绍兴古城历史街区为例 [M].北京:中华书局, 2010.

[19] 单霁翔.城市文化遗产保护与文化城市建设 [J].城市规划, 2007, (5): 9–23.

[20] 沈海虹.“集体选择”视野下的城市遗产保护研究 [D].上海:同济大学, 2006.

[21] 沈庆,陈徐均,关洪军.海岸带地理环境学 [M].北京:人民交通出版社, 2008.

[22] 徐敏,阙维民.沿海地区的窑业经济的区域特点——以窑业遗产为视角 [J].地理研究, 2014, (4): 735–750.

[23] 杨金森,范中义.中国海防史 [M].北京:海洋出版社, 2005.

[24] 杨新海,林林,彭锐.基于“城市遗产”视角建构城市历史文化保护框架与发展策略 [J].苏州科技学院学报(工程技术版), 2011, (1): 59–64.

[25] 张金玲.自然遗产管理的“非营利”理念及其实践 [J].求索, 2009, (8): 42–44.

[26] 张金玲.遗产管理与旅游视角中的原真性——兼论浙南海防遗址蒲壮所城的保护性开发 [J].四川师范大学学报(社会科学版), 2011, 38 (2): 51–57.

[27] 张维亚.城市历史地段文化遗产研究综述 [J].东南大学学报(哲学社会科学版), 2007, (S2): 162–166.

[28]　张升 . 卫所志初探 [J]. 史学史研究，2000，（1）：50-58.

[29]　张松 . 城市文化遗产保护国际宪章与国内法规选编 [M]. 上海：同济大学出版社，2007.

[30]　张松 . 留下时代的印记守护城市的灵魂——论城市遗产保护再生的前沿问题 [J]. 城市规划学刊，2005，（3）：31-35.

[31]　张燮著，谢方点校 . 东西洋考·饷税考 [M]. 北京：中华书局，2000.

[32]　张艳华，卫明 . "特质城市遗产"的保护——以上海市提篮桥历史文化风貌区为例 [J]. 城市规划学刊，2007，（6）：90-93.

[33]　张驭寰 . 中国古代县城规划图详解 [M]. 北京：科学出版社，2007.

[34]　赵建昌 . 中国城市遗产研究述评 [J]. 咸阳师范学院学报，2011，（2）：72-75，111.

[35]　郑锡煌 . 中国古代地图集·城市地图 [M]. 西安：西安地图出版社，2005.

[36]　《中国海岸带地貌》编写组 . 中国海岸带地貌 [M]. 北京：海洋出版社，1995.

[37]　邹爱莲 . 广东历史地图精粹 [M]. 北京：中国大百科全书出版社，2003.

[38]　Dogan M，Papamarinopoulos S. Exploration of the hellenistic fortification complex at asea using a multigeophysical prospection approach[J].Archaeological prospection，2006，13（1）：1-9.

[39]　Pearsall J，Hanks P，Stevenson A. The new oxford dictionary（新牛津英汉双解大词典）[M]. 上海：上海外语教育出版社，2010.

[40]　Srensen L S，Carman J. Heritage studies： methods and approaches [M]. London，New York：Routledge，2009.

[41]　Van Oers R.Managing Historic Cities[C].World Heritage Papers，2010，（27）：1-120.